Moschusochse, Bison, Schaf und Ziege

George Bird Grinnell, Caspar Whitney

Owen Wister

Writat

Diese Ausgabe erschien im Jahr 2024

ISBN: 9789359949789

Herausgegeben von
Writat
E-Mail: info@writat.com

Inhalt

Ich

, MEIN ERSTER KILL

Wir waren durch das „Land der kleinen Stöcke" gekommen, wie die Indianer jene öde Einöde, die die Grenze des Waldlandes mit dem unfruchtbaren Boden verbindet, so treffend nennen, und waren seit mehreren Tagen Richtung Norden unterwegs, immer auf der Suche nach Lebewesen, die uns einen Bissen Nahrung bieten könnten.

Wir befanden uns in einem jener Teile dieser großen, unfruchtbaren Gegend, die, durchbrochen von felsigen Graten, nicht sehr hoch, aber häufig vorkommend, für den reisenden Schneeschuhwanderer unsäglich belästigend ist. Es waren die dritten zwölf Stunden unseres Fastens, abgesehen von Tee und Pfeife, und den ganzen Tag hatten wir uns müde einen Hügel hinauf und einen anderen hinunter geschleppt, in der immer wiederkehrenden und immer enttäuschten Hoffnung, dass wir auf jedem Karibus oder Moschus gesichtet würden. Ochsen. Die Indianer waren entmutigt und mürrisch, wie es bei solchen Gelegenheiten üblich war; und das beunruhigte mich wirklich mehr, als nicht Nahrung zu finden, denn ich fürchtete mich ständig davor, dass sie entmutigt würden und sich wieder dem Wald zuwandten. Das war die Möglichkeit, die seit dem allerersten Tag den Erfolg meines Unterfangens zu jeder Zeit und am ernsthaftesten bedroht hatte; denn wir machten uns Anfang März auf den Weg, zu einer Zeit, in der die Stürme am heftigsten waren und als sich noch nie zuvor jemand in die Barren Grounds gewagt hatte. Deshalb versuchte ich in meiner Angst, die Indianer könnten umkehren, unsere Schwierigkeiten zu verharmlosen, indem ich in Gesang anfing, als wir anhielten, um unsere Hunde zu „buchstabieren" [1] , in der Hoffnung, durch meine angebliche Unbeschwertheit die Indianer zu beschämen, damit sie nicht auftauchen ihr Wunsch, nach Hause zurückzukehren.

Man kann sich vorstellen, wie sehr ich Lust zum Singen hatte.

So schleppte sich der Tag dahin, ohne dass wir ein sich bewegendes Tier sahen, nicht einmal einen Fuchs, und es war schon nach Mittag, als wir uns mühsam einen bestimmten Bergrücken hinaufarbeiteten, dessen Oberfläche mit ungewöhnlich viel unnötigem und schroffem Gestein übersät schien. Ich erinnere mich, dass wir kaum wagten, in das weiße, stille Land zu blicken, das sich vor uns erstreckte; unsere lange Suche war so oft mit Enttäuschung belohnt worden, dass wir sie irgendwie als selbstverständlich hinnahmen. Sich hinten auf dem Schlitten niederzulassen, um vor dem Wind geschützt zu sein, schien uns wichtiger als die Aussicht auf Fleisch: Zumindest waren wir uns des Trostes unserer Pfeifen sicher. So rauchten wir schweigend, ohne

Anzeichen von Interesse daran, was das unmittelbar vor uns liegende Land für uns bereithalten könnte, bis Beniah, der Anführer meiner Indianer, und ein ungewöhnlich guter, mit einem Ausruf aufsprang, hastig auf einen ziemlich großen Felsen kletterte und seinen Arm nach vorne streckte, offensichtlich sehr aufgeregt. Er rief einmal laut „ *Ethan* " [2] und murmelte es dann weiter, als wolle er seiner Zunge versichern, was seine Augen erblickten. Wir versammelten uns alle um ihn, kletterten auf seinen oder andere Felsen, in verzweifelter Ernsthaftigkeit, um zu sehen, was er in der Richtung sah, in die er weiter zeigte. Es dauerte Minuten, bis ich in der Ferne, die sich ganz weiß und still bis zum Horizont erstreckte, irgendetwas Lebendes erkennen konnte, und dann bemerkte ich eine Art Dunst, der anscheinend von dunklen Objekten aufstieg, die sich etwa vier Meilen entfernt verschwommen gegen den Schnee abzeichneten; es war der Nebel, der von einer Herde Tiere aufsteigt, wo das Quecksilber zwischen sechzig und siebzig Grad unter Null liegt, und der an einem klaren Tag aus fünf Meilen Entfernung gesehen werden kann. Nun völlig wachsam, holte ich mein Fernglas von meinem Schlitten und suchte die dunklen Objekte unter dem Nebel ab. Es waren keine Karibus, dessen war ich mir sicher; was sie waren, war ich mir ebenso unsicher, denn die Formen waren meinen Augen fremd. Also reichte ich Beniah das Fernglas und sagte: „ *Ethan illa* ." [3] Beniah nahm das Fernglas, aber da es das erste Mal war, dass er durch ein Fernglas sah, schienen ihn die Reichweite und die Stärke des Fernglases ebenso zu erregen wie das Aussehen des Wildes selbst. Als er seine Sprache wiederfand, rief er laut: „ *ejerri* ". [4] Ich wusste nicht genau, was „ *ejerri* " bedeutete, nahm aber an, wir hätten Moschusochsen gesichtet. Augenblicklich herrschte große Aufregung. Die Indianer stießen ein Geschrei aus und stürzten schnatternd und lachend auf ihre Schlitten. Es schien unglaublich, dass dies dieselben Männer waren, die so kurz zuvor still mit dem Rücken zum Wind dagesessen hatten, niedergeschlagen und gleichgültig.

Jeder war nun damit beschäftigt, seine Hunde freizulassen – eine Kleinigkeit für die Indianer mit ihrem einfach genähten Geschirr, aus dem die Hunde leicht herausschlüpften, für mich jedoch eine ziemlich komplizierte Aufgabe. Mein Hundezug war von der Post gekommen, und sein Geschirr bestand aus Schnallen und Riemen und anderen Dingen, die sich bei eisigem Wetter nicht leicht lösen ließen; So geschah es, dass, als meine Hunde abgekoppelt wurden, die Indianer mit all ihren Hunden eine ganze Viertelmeile näher an den Moschusochsen waren als ich und um ihr Leben rannten. Meine vorgefassten Meinungen über das Moschusochsenjagdspiel wurden im Handumdrehen bis zur Zerstörung durcheinander gebracht, da ich mich nun in einer Situation befand, die weder erwartet noch erfreulich war. Es lag nahe, anzunehmen, dass mir in dieser seltsamen Umgebung Hilfe geleistet werden würde und dass die Überlegung, eine von mir selbst organisierte und bezahlte Gruppe zu gründen, mir dabei helfen würde, den Moschusochsen zu töten, für den ich so weit hergekommen war. Aber wir waren weit entfernt von der Post und den Dolmetschern und zurückhaltenden Einflüssen; und in diesem Moment der Umgewöhnung wurde mir schnell klar, dass es sich bei dieser Expedition um ein „Überleben des Stärksten" handeln würde, und wenn ich einen Moschusochsen bekäme, wäre es mein eigener Besitz. Es tröstete mich zu wissen, dass ich körperlich in bester Verfassung war und der Anstrengung meines Lebens gewachsen war, auch wenn mein Magen aufgrund der dreitägigen harten Reise nur mit Tee etwas angespannt war.

Als ich etwa zwei Meilen gelaufen war, hatte ich die letzten Indianer eingeholt, die in einer langen Kolonne ausgestreckt waren, wobei zwei einen Vorsprung von einer halben Meile hatten. Nach einer weiteren Meile hatte ich alle Nachzügler überholt und lief praktisch auf gleicher Höhe mit dem zweiten Indianer, der zwei- oder dreihundert Yards hinter dem Führenden lag. Dieser Indianer, mit Namen Seco, war einer der besten Schneeschuhläufer, denen ich je begegnet bin. Bei vielen anderen Gelegenheiten als dieser stellte er seine Ausdauer und Schnelligkeit unter Beweis, denn nach jeder Moschusochsenherde, die wir gesichtet hatten, folgte immer ein Lauf von vier Meilen oder mehr, und ausnahmslos ging der endgültigen Führung ein Wettrennen zwischen Seco und mir voraus. Ich möchte nebenbei hinzufügen, dass er mich immer geschlagen hat, obwohl wir in den siebenundfünfzig Tagen, in denen wir diesen von Gott vergessenen Teil der Erde durchstreiften, einige knappe Ergebnisse erzielten.

An diesem Tag überholte ich zwar den zweiten Indianer, aber Seco blieb gut in Führung, und praktisch alle Hunde lagen knapp vor ihm. Es war der härteste Weg, den ich je erlebt hatte, denn die Strecke führte über eine Reihe niedriger, aber scharfer Felsrücken, die mit etwa einem Fuß Schnee bedeckt waren, und mit den schmalen Stolperschuhen, die in den Barren Grounds verwendet werden, brach ich durch die Kruste, wo sie weich war, oder klemmte meine Schuhe zwischen den windgepeitschten, dicht beieinander liegenden Steinen ein oder blieb in denen hängen, die ich mit meinem Schritt zu überwinden versuchte. Es war eine Art Hürdenlauf, um den Hintern eines wohlgenährten, trainierten Athleten auf die Probe zu stellen; wie er sich bei einer Teediät abnutzte, brauche ich nicht zu sagen.

Nachdem wir etwa eine Stunde gelaufen waren, kam es mir so vor, als ob wir die Moschusochsen niemals sehen würden. Wir überquerten einen Grat nach dem anderen und doch war der begehrte Steinbruch nicht zu sehen. Seco hatte immer noch einen Vorsprung von etwa hundert Metern, und ich erinnere mich, dass ich mich in meiner zunehmenden Müdigkeit fragte, warum um alles in der Welt dieser Indianer ein solches Tempo beibehielt, denn ich konnte mich des Gefühls nicht erwehren, dass er es tun würde, wenn die Moschusochsen endlich eingeholt waren Halten Sie an, bis ich und alle Indianer und alle Hunde aufgetaucht waren, um den Erfolg der Jagd sicherer zu machen: Aber es war nicht das erste Mal, dass ich mit Indianerjägern zusammen war, und ich wusste gut genug, dass ich es nicht nehmen sollte irgendwelche Chancen.

Als ich nach einer weiteren halben Stunde die nahe Seite eines Gebirgskamms erklomm, der etwas höher und breiter war als alle anderen, die wir überquert hatten, hörte ich die Hunde bellen und auf den Gipfel zustürmen. Was für eine Enttäuschung, um nicht zu sagen: Verzweiflung ich bei diesem Anblick empfand Fünfundzwanzig bis dreißig Moschusochsen rannten gerade erschrocken einen Bergrücken entlang, etwa eine Viertelmeile hinter Seco, der sie mit seinen Hunden etwa fünfzig Meter vor mir verfolgte. Was ich damals über die Jagdmethoden der Nordlandindianer und insbesondere über Seco und alle meine anderen Indianer dachte, wurde der damaligen Situation und meinem Geisteszustand kaum gerecht – und würde hier keine gute Lektüre darstellen. Wäre ich auf einer gewöhnlichen Jagdexpedition gewesen, wäre die Abscheu vor der ganzen dummen Angelegenheit zweifellos vorherrschend gewesen, aber der Gedanke an die Entfernung, die ich zurückgelegt hatte, und an die Entbehrungen, die ich aus keinem anderen Grund auf mich genommen hatte, als um einen Moschusochsen zu bekommen, hat mich entschlossener gemacht, trotz Hindernissen aller Art erfolgreich zu sein. Also ging ich weiter. Als ich die Spitze des Bergrückens erreichte, über den ich die Moschusochsen rennen sah, wehte ein Sturm aus dem Süden, und die Hauptherde war über dem nördlichen Ende davon verschwunden und befand sich eine Meile entfernt im Norden. Man reiste mit gut getragenem, wenn auch nicht gesenktem Kopf, mit erstaunlicher Geschwindigkeit und Leichtigkeit über die Felsen. Vier hatten sich vom Hauptkörper getrennt und bewegten sich fast genau nach Osten auf der Südseite des Bergrückens. Ich beschloss, diese vier zu verfolgen, weil ich die Nordseite des Bergrückens außer Sichtweite und auf der Leeseite halten konnte, da ich sicher war, dass sie früher oder später nach Norden abbiegen würden, um sich wieder der Hauptherde anzuschließen. Es schien meine beste Chance zu sein. Ich war mir vollkommen darüber im Klaren, welches Risiko ich einging, als ich mich von den Indianern trennte. Aber in diesem Moment erschien mir nichts wichtiger als die Anschaffung eines Moschusochsen, für den ich inzwischen fast zwölfhundert Meilen auf Schneeschuhen zurückgelegt hatte.

Ich bin in meinem Leben viel auf die Jagd gegangen, auf weit voneinander entfernten und weglosen Strecken, und habe meinen Anteil an harten Wanderungen gehabt; aber nie werde ich den Lauf entlang dieses Bergrückens vergessen. Er erforderte mehr Herz und Kraft als jede andere Situation, der ich mich jemals gestellt habe. Ich schätze, ich war schon etwa fünf Meilen gelaufen, als ich mich auf die Jagd nach den vier Moschusochsen machte, und als die erste Begeisterung verflogen war, schien es, als müsse ich aufgeben. Von einer solchen Erschöpfung hätte ich nie geträumt. Ich habe keine Ahnung, wie viel weiter ich lief – wahrscheinlich noch drei oder vier Meilen – aber ich erinnere mich, dass mich nach einiger Zeit die Vorstellung überkam, die vier Moschusochsen und ich wären allein auf der Erde, sie wüssten, dass ich es auf sie abgesehen hatte, und lockten mich tief in ein fremdes Land, um mich zu verlieren; und so rannten wir grimmig durch dieses große, stille Land, und der Tod folgte jedem von uns auf Schritt und Tritt. Die totenweiße Oberfläche, die sich endlos vor mir ausbreitete, schien sich zu heben und zu senken, als reiste ich auf einem schaukelnden Schiff; und der Schnee und die Felsen tanzten in einem grinsenden, glitzernden Labyrinth um meinen wirbelnden Kopf. Wenn ich fiel, was häufig geschah, schien es eine Ewigkeit zu dauern, bis ich wieder auf den Füßen stand; und was ich sah, war, als ob ich es durch das kleine Ende eines Feldstechers sähe.

Ich war schweißgebadet und hatte meine Pelzkapuze und meinen Patronengurt verloren, nachdem ich ein halbes Dutzend Patronen in meine Tasche gesteckt hatte. Ich rannte weiter und weiter und fragte mich halb benommen, ob die Moschusochsen wirklich auf der anderen Seite des Bergrückens waren. Schließlich machte der Bergrücken eine scharfe Biegung nach Norden, und als ich die Spitze erreichte, rannten – etwa hundert Meter vor mir – zwei der Moschusochsen langsam, aber direkt vor mir her. Augenblicklich strömte das Blut durch meine Adern und der Nebel verschwand aus meinen Augen; ich ließ mich auf ein Knie fallen und schwang mein Gewehr in Position, aber meine Hand zitterte so sehr und mein Herz klopfte so heftig, dass das Visier am ganzen Horizont wackelte. Mir wurde klar, dass dies vielleicht der einzige Schuss war, den ich abgeben konnte – denn die Indianer waren in günstigeren Jahreszeiten in die Barren Grounds gegangen und hatten nicht einmal eine Herde gesehen –, doch während die Moschusochsen die ganze Zeit von mir wegliefen, kam mir jeder Augenblick wie eine unüberwindbare Ewigkeit vor. Die Qual dieser paar Sekunden, die ich wartete, um meine Hand zu beruhigen! Ein- oder zweimal versuchte ich erneut zu zielen, aber die Hand war immer noch zu unsicher. Ich wagte es nicht, einen Schuss zu riskieren. Als ich mich ein oder zwei Minuten ausgeruht hatte – es kam mir wie eine volle halbe Stunde vor –, hielt das Visier endlich einen Augenblick lang und ich drückte ab.

Ich weiß, dass ich den Jubel dieses Augenblicks, als ich einen der beiden Moschusochsen taumeln und dann fallen sah, nie wieder erleben werde.

Der Knall meines Gewehrs schreckte den anderen Moschusochsen auf und galoppierte wild über einen Bergrücken, und ich folgte ihm so schnell ich konnte, sobald ich mich vergewissert hatte, dass der andere wirklich am Boden lag. Als ich über den Bergrücken ging, erblickte ich den verbliebenen Moschusochsen und schoss gleichzeitig mit zwei Schüssen zu meiner Linken, die, wie ich später herausfand, von dem zweiten Indianer stammten, an dem ich vorbeigekommen war, als ich auf der Flucht zu Seco näher kam Der erste Blick auf die Moschusochsen, die jetzt mit einem Hund in Sichtweite schwebten, als der zweite Moschusochse zu Boden ging.

Als ich zu meiner Beute zurückkehrte, stellte ich fest, dass es sich um eine Kuh handelte, was natürlich eine große Enttäuschung war. und so machte ich mich, obwohl ziemlich gut verstaut, erneut auf den Weg nach Norden in der Hoffnung, Wind von den beiden anderen der vier Herden zu bekommen, nach denen ich ursprünglich aufgebrochen war, oder Spuren von Nachzüglern aus der Hauptherde zu finden. Mehrere Meilen ging ich weiter, aber als ich keine Spuren fand und die Dunkelheit hereinbrach, drehte ich mich um und machte mich auf den Rückweg, wohl wissend, dass die Indianer ihnen folgen und bei den erlegten Moschusochsen ihr Nachtlager aufschlagen würden. Aber als ich weiterreiste, wurde mir plötzlich klar, dass ich, abgesehen von der Richtung, in die ich reiste, eigentlich keine genaue Vorstellung von der genauen Richtung hatte, in die ich reiste, und als die Nacht hereinbrach und ein kühler Wind wehte, wusste ich, dass ich mich vielleicht verlieren würde bedeuten leicht den Tod. Also kehrte ich auf meinen Spuren um und folgte ihnen zuerst zurück zu der Stelle, an der ich nach Süden abgebogen war, und von dort auf meinen hinteren Spuren bis zu dem Ort, an dem der Moschusochse lag. Es war eine lange und rätselhafte Aufgabe, denn der Wind hatte die früheren Spuren meiner Schneeschuhe immer teilweise und über weite Strecken hinweg vollständig verwischt.

Es war neun Uhr, bevor ich endlich die Stelle erreichte, wo die tote Beute lag; und dort fand ich die Indianer, die an rohem und halbgefrorenem Moschusochsenfett nagten. Seco, der völlig durchgefroren war und vor Müdigkeit kaum noch kriechen konnte, erschien erst um Mitternacht; und erst als er ankam, zündeten wir unser kleines Holzfeuer an und tranken unseren Tee.

IN SCHACH

Dann rollten wir uns bei 67 Grad unter Null in unseren Pelzen zusammen, während die Hunde heulten und um den Kadaver meines ersten Moschusochsen kämpften.

II
DIE BEREITSTELLUNGSFRAGE

Außer im Sommer, wenn die Karibus in riesigen Herden umherlaufen, ist der Ausflug in die Barren Grounds mit einem Kampf gegen Kälte und Hunger verbunden. Es ist entweder ein Fest oder eine Hungersnot; letzteres häufiger als ersteres. Es war also nichts Außergewöhnliches, dass wir an unserem dritten Tag bei der ersten Moschusochsen-Tötung, von der ich gesprochen habe, ohne Nahrung waren. Doch der Mangel an Nahrung war vielleicht nicht so schlimm wie der Wind, der direkt von den gefrorenen Meeren zu wehen schien, so stark, dass wir uns tief bücken mussten, um dagegen vorzustoßen, und so bitter, dass er uns grausam ins Gesicht schnitt. Während meiner Reise in dieses stille Land des einsamen Nordens verursachte mir der Wind mehr Leid als der Halbhungerzustand, in dem wir uns mehr oder weniger ununterbrochen befanden. Tatsächlich hatte ich in den ersten Wochen große Schwierigkeiten beim Reisen; Der Wind schien mir den Atem aus dem Körper und die Aktivität aus meinen Muskeln zu nehmen. Ich war körperlich in hervorragender Verfassung, denn ich hatte ein paar Wochen in Fort Resolution am Great Slave Lake verbracht, und das mit reichlich Karibufleisch und einem täglichen Lauf von zehn bis zwanzig Meilen auf Schneeschuhen, um auf dem Laufenden zu bleiben Während des Trainings war ich so fit wie noch nie in meinem Leben. Umso mehr beeindruckte mich der heftige Kampf mit dem Wind. Aber die Neuheit ließ nach ein paar Wochen nach, und obwohl die Bedingungen immer schwierig waren, wurden sie erträglicher, je mehr ich mich an den täglichen Kampf gewöhnte.

Eine der ersten Lektionen, die ich gelernt habe, war, mein Gesicht frei von Bedeckungen zu halten und es unter solchen Umständen so glatt zu rasieren, wie es möglich war. Es bringt mich jetzt zum Lächeln, wenn ich an die aufwendige Kapuze denke, die man mir in Kanada gestrickt hatte und die mir damals als eines der wichtigsten Teile meiner Ausrüstung erschien. Sie bedeckte den gesamten Kopf, die Ohren und den Hals und hatte nur Öffnungen für Augen und Mund, und in der Stadt hatte ich sie als einen großen Fund angesehen; aber ich warf sie weg, bevor ich auch nur tausend Meilen von den Barren Grounds entfernt war. Der Grund ist offensichtlich: Mein Atem verwandelte die Vorderseite der Kapuze in eine Eisschicht, bevor ich drei Meilen gelaufen war; und da es in den Barren Grounds kein Feuer gab, um sie aufzutauen, war sie natürlich in dieser Gegend unmöglich zu tragen und in jeder Gegend mit niedrigen Temperaturen ein schlechtes Ding. Nach weiteren Experimenten fand ich heraus, dass die einfachste und bequemste Kopfbedeckung mein eigenes langes Haar war, das auf gleicher Höhe mit meinem Kinn hing, knapp über den Ohren mit einem Taschentuch zusammengebunden und die offene Kapuze meiner Karibufell-Kapotte darüber nach vorne gezogen war.

Bei diesem ersten Versuch habe ich sehr viel über die Moschusochsenjagd gelernt, und nicht zuletzt die Lektion, wie schwierig es ist, ein Tier ohne die Hilfe eines Hundes zu erlegen. Das liegt einzig und allein an der Beschaffenheit des Geländes. Die landschaftliche Beschaffenheit des Barren Grounds ist hügelig oder prärieartig. Wenn man auf der ersten Anhöhe steht, nachdem man den letzten Wald hinter sich gelassen hat, blickt man nach Norden über eine große Wüstenfläche, ein scheinbar flaches Land, das mit unzähligen Seen übersät ist und hier und da von Felsrücken unterbrochen wird. Wenn man tatsächlich ins Land vordringt, stellt man fest, dass diese Bergrücken zwar nicht hoch sind, aber doch höher, als sie aussehen, und dass das Reisen im Allgemeinen sehr beschwerlich ist. Im Sommer kann man das Barren Grounds nur mit dem Kanu bereisen; denn abgesehen von den großzügigen Ablagerungen von gebrochenem Gestein ist es praktisch ein riesiger Sumpf. Im Winter ist dieser natürlich zugefroren und mit einem halben bis anderthalb Meter hohen Schnee bedeckt. Es war eine Überraschung, keine größere Schneehöhe vorzufinden, aber im hohen Norden ist der Schneefall schwach und die anhaltenden Stürme verdichten und verwehen den Schnee, so dass das, was auf dem Boden liegen bleibt, so fest wie Erde ist. Aus diesem Grund haben die Schneeschuhe, die in den Barren Grounds verwendet werden, das kleinste Muster, das überhaupt verwendet wird. Sie sind 15 bis 20 Zentimeter breit, 90 Zentimeter lang und haben wegen der Trockenheit des Schnees eine etwas engere Schnürung als andere Schuhe. Diese Schuhe werden auch in den Abschnitten Athabasca-Slave-Mackenzie River verwendet. Der Schnee ist entlang dieser Reisestrecke nirgends höher als einen halben Meter, er ist leicht und trocken und die sogenannten „Tripping"-Schuhe sind für diese Art des Gehens die allerbesten. Im Frühjahr, wenn der Schnee etwas schwerer ist, ist die Schnürung offener, ansonsten bleibt der Schuh unverändert.

Es ist wohl bekannt, nehme ich an, dass es auf dem kargen Gelände nicht nur absolut keine Bäume, sondern sogar kein Gestrüpp gibt, mit Ausnahme einiger vereinzelter, verkümmerter Büsche, die im Sommer gelegentlich an Stellen am Wasser zu finden sind, aber möglicherweise nicht vorhanden sind auf den Treibstoff angewiesen. Vom Großen Sklavensee nach Norden bis zum Waldrand sind es etwa dreihundert Meilen; Dahinter liegt ein etwa hundert Meilen langer Landstrich, der von den Indianern vielsagend „Land der kleinen Stöcke" genannt wird und über den sich verstreute und weit voneinander entfernte kleine Flecken kleiner Kiefern erstrecken, die manchmal einen Hektar groß sind, manchmal etwas kleiner und manchmal etwas kleiner ein bisschen mehr. Sie scheinen eine Kette bewaldeter Inseln in dieser Wüste zu sein, die die Hauptholzgrenze (die übrigens nicht abrupt endet, sondern sich über viele Meilen hinauszieht und bis zu ihrem Ende immer dünner wird) und das Land des Kleinen verbinden Sticks beginnt) mit dem letzten freien Wachstum; und ich fand sie nie näher beieinander als eine gute Tagesreise. Eine etwa drei- bis viertägige Reise führt Sie durch dieses Land der kleinen Stöcke und zum letzten Wald. Der letzte Wald, den ich fand, war ein etwa vier bis fünf Hektar großes Stück mit Bäumen, deren größter Durchmesser zwei bis drei Zoll betrug, obwohl ein oder zwei vereinzelte vielleicht sogar fünf bis sechs Zoll groß waren. Hier nehmen Sie das Brennholz für Ihren Ausflug ins Brachland mit.

Ich wurde oft gefragt, warum die Hungerperioden bei der Moschusochsenjagd nicht durch das Mitführen von Nahrungsmitteln vermieden werden könnten. Kurz gesagt wurde ich gefragt, warum ich keine Vorräte transportiert habe. Die offensichtliche Antwort ist, dass ich erstens keine hatte, die ich nehmen konnte; und dass ich zweitens, wenn ich am Great Slave Lake eine Wagenladung gehabt hätte, auf die ich hätte zurückgreifen können, nicht in der Lage gewesen wäre, Proviant in die Barren Grounds mitzunehmen. Man muss bedenken, dass der Great Slave Lake, wo ich die Ausrüstung für die Barren Grounds ausrüste, neunhundert Meilen von der Eisenbahn entfernt ist und dass jedes Pfund Proviant normalerweise auf dem Wasserweg oder im Notfall mit Hundeschlitten transportiert wird. Die Stützpunkte der Hudson's Bay Company, beginnend bei Athabasca Landing, liegen etwa alle zweihundert Meilen entlang der großen Wasserstraßen – Athabasca, Slave, Mackenzie Rivers. Dabei handelt es sich um kleine Handelsposten, in denen es Pulver und Kugeln sowie Kleidungsstücke und Ziergegenstände gibt, nicht aber Dinge zum Essen. Proviant wird aufgenommen, allerdings in begrenztem Umfang, und es gibt keinen Winter, in dem die Vorräte des Unternehmens nicht aufgebraucht sind, bevor das Eis aufbricht und das erste Boot des Jahres eintrifft. Selbst für den üblichen Bedarf gibt es nie genug, und ein ungewöhnlicher Bedarf bedeutet, wenn er befriedigt werden soll, eine allumfassende Beschneidung. Beim Schneeschuhwandern von der Eisenbahn zum Großen Sklavensee sicherte ich mir an jedem Posten frische Schlittenhunde, Männer und Proviant, die mich zum nächsten Posten nach Norden trugen, von wo aus Männer und Hunde zu ihrem eigenen Posten zurückkehrten, während ich mit einem weiter nach Norden ging neues Angebot. Obwohl es zum Zeitpunkt meiner Reise verhältnismäßig viel gab, werden die Vorräte so sorgfältig verwaltet, dass ich nie mehr als gerade genug Vorräte besorgen konnte, um mich zum nächsten Posten zu bringen; und diese wurden ausnahmslos gespart, so dass ich für eine fünftägige Reise gewöhnlich mit etwa viertägigen Vorräten antrat.

So ist es leicht zu verstehen, warum ich am Großen Sklavensee keine Vorräte hatte, auf die ich hätte zurückgreifen können. Und wie ich bereits sagte, wäre es mir selbst dann unmöglich gewesen, sie mitzunehmen, wenn es genügend davon gegeben hätte (und das wäre auch für jeden anderen, der sich zur gleichen Jahreszeit in die Barren Grounds wagt, nicht möglich gewesen), einfach aus Mangel an Transportmöglichkeiten, was schließlich das große Problem dieses Nordens ist. Man sollte meinen, dass es in einem Land, in dem die einzige Fortbewegungsmöglichkeit für die meiste Zeit des Jahres, wo die Existenz der Menschen so stark von Schlittenhunden abhängt, eine große Anzahl von Schlittenhunden und von bester Rasse geben müsste. Doch die Wahrheit ist, dass Schlittenhunde jeglicher Art selbst auf den Flussstraßen selten sind. An den Posten der Kompanie gibt es nicht mehr als einen oder höchstens zwei Ersatzzüge. Unter den Indianern, auf die ich mich natürlich verlassen musste, als ich mich für die Barren Grounds ausrüstete, sind Hunde sogar noch seltener. Fort Resolution ist einer der wichtigsten Stützpunkte der Hudson's Bay Company in diesem großen Land, und doch ist die Siedlung selbst sehr klein und zählt vielleicht fünfzig Menschen; die Indianer – Dog Ribs und Yellow Knives – leben in den Wäldern, sechs bis zehn Tagesreisen vom Stützpunkt entfernt. Es war nicht nur äußerst schwierig, Indianer dazu zu bringen, mit mir zu gehen, sondern ich konnte auch erst nach gründlichster Suche sieben Hundegespanne auftreiben. Das liest sich bestimmt seltsam, aber es war mir so gut wie unmöglich, die für meine Reise erforderliche Anzahl an Hunden und Schlitten aufzutreiben.

Aber, fragten einige meiner Freunde, mit sieben Schlitten und achtundzwanzig Hunden war doch sicher genug Platz, um genügend Proviant mitzunehmen, um im Barren Grounds gegen den Hungertod versichert zu sein? Überhaupt nicht. Es war nicht genug Platz für mehr als Tee, Tabak, unsere Schlafpelze, Mokassins und Dufflesocken. Mokassins, Duffles, Tabak und Tee sind die absolut wichtigsten Artikel in der Barren Ground-Ausrüstung. Der Duffle ist eine leichte Art Decke, aus der Leggings und auch Socken gemacht werden. Man trägt drei Paar in seinen Mokassins, und wenn man gut beraten ist, legt man sich nachts einen Mokassinschuh des ungeborenen Moschusochsen mit Fell innen neben die Füße. Man muss bedenken, dass man im Barren Grounds kein Feuer hat, um gefrorene und nasse Kleidung aufzutauen oder zu trocknen. Das kleine Feuer, das man hat, reicht nur, um Tee zu kochen. Daher sind reichlich Seesäcke und Mokassins notwendig, erstens, um trockene, frische Wechselkleidung zu haben, und zweitens, um sie zu ersetzen, wenn sie sich abnutzen, was aufgrund des steinigen Untergrunds häufiger vorkommt als anderswo. Was Tee und Tabak betrifft, so könnte kein Mensch die Kälte und die Strapazen einer winterlichen Barren Ground-Reise ertragen, ohne sich jeden Tag etwas Warmes zu gönnen, während der Tabak gleichzeitig ein Stimulans und ein Trost ist. Der Platz, der auf dem Schlitten übrig bleibt, nachdem Tee, Tabak, Mokassins und Seesäcke verstaut wurden, muss mit den Stöcken gefüllt werden, die Sie im letzten Waldstück am Rand des Barren Grounds in Stücke geschnitten haben (genau in der Breite des Schlittens). Der Schlitten ist ein etwa neun Fuß langer und anderthalb Fuß breiter Schlitten aus zwei oder drei Birkenlatten, die durch Querstreben zusammengehalten werden, die mit Kariburiemen daran festgebunden sind. Diese werden vorne umgedreht und bilden eine Art Schlitten, der mit einer Karibuschürze (manchmal mit groben Malereien verziert) bedeckt ist und durch Babiche-Schnüre – wie die Riemen aus Karibuhaut genannt werden – in seiner gebogenen Position gehalten wird. Das gleiche Material wird auch zum Schnüren von Schneeschuhen verwendet. Auf diesen Schlitten wird ein Korpus aus Karibuhaut montiert, der etwa sieben Fuß lang ist, die gesamte Breite des Schlittens ausmacht und anderthalb Fuß tief ist. Darin wird die Ladung verstaut. Dann werden die Oberseiten zusammengezogen und das Ganze mit Seitenleinen fest am Schlitten festgebunden. Dies muss mit der gleichen Sorgfalt und Sicherheit geschehen, die dem bei Lasttieren verwendeten Rautenknoten verliehen wird. denn der Schlitten wird im Laufe einer Tagesreise arg in Mitleidenschaft gezogen.

Es bedarf meiner Meinung nach keiner weiteren Erklärung, um zu zeigen, warum es nicht möglich ist, Proviant mitzuführen.

Einer meiner Freunde schlug nach meiner Rückkehr von dieser Reise die Möglichkeit vor, Hunde ins Land zu schicken; mit einem Wort, etwas Ähnliches zu tun wie die Stangenjagd-Expeditionen. Für einen wohlhabenden Abenteurer mag das möglich sein, aber trotzdem würde ich es als ein Experiment mit sehr zweifelhaften Ergebnissen betrachten, einfach weil es unmöglich ist, die Hunde zu füttern, nachdem sie im Land angekommen sind, oder für sie zu sorgen, nachdem Sie angekommen sind begann in das karge Gelände. Es gibt eine Zeit im Sommer am Großen Sklavensee, in der eine beliebige Anzahl von Hunden mit den Fischmengen, die dann im See gefangen werden sollen, ausreichend gefüttert werden könnte; und zweifellos könnten genug Fische gelagert werden, um sie in der Jahreszeit zu ernähren, in der die Seen zugefroren sind, wenn die Hunde am Posten blieben. Dennoch würde das einige besonders engagierte Fischer beschäftigen. Aber wenn Sie mit all diesen Hunden zu den Barren Grounds aufbrechen würden, wäre Ihr Ernährungsproblem in der Tat überwältigend, denn nur im Hochsommer, wenn die Karibus in großen Herden anzutreffen sind, wäre es möglich, für lange Zeit Fleisch zu töten viele Hunde; und im Hochsommer durfte und konnte man überhaupt keine Hunde benutzen; Zu dieser Jahreszeit werden die Barren Grounds durch die Seenkette und kurze Portagen, die am nordöstlichen Ende des Großen Sklavensees beginnen, überfallen. Sogar beim Reisen entlang des Flusses ist die Frage des Hundefutters eine ernste Angelegenheit, und Sie müssen die Fische mitnehmen, die im vergangenen Sommer gefangen und in großen gefrorenen Haufen an den Pfosten gelagert wurden. Es ist daher offensichtlich, dass es

keinen einfachen oder bequemen Weg gibt, in die Barren Grounds zu
gelangen. Es wäre undurchführbar, etwas anderes zu tun, als sich auf die
vorhandenen Ressourcen zu verlassen und in das stille Land vorzudringen,
so wie es die Indianer tun. Es ist einfach unmöglich, etwas anderes zu tun,
als sich sowohl für Menschen als auch für Hunde auf Karibus und
Moschusochsen als Nahrung zu verlassen.

III
JAHRESZEITEN UND AUSRÜSTUNG

Im Hochsommer kann der Jäger die Barren Grounds am wenigsten Unannehmlichkeiten und Gefahren ausgesetzt sein, denn zu dieser Zeit fährt man mit dem Kanu. Karibus gibt es in Hülle und Fülle und das Thermometer fällt selten unter den Gefrierpunkt. Aber selbst dann gibt es viele Prüfungen und es besteht erhebliche Hungergefahr. Die Moskitos sind eine Plage, die man kaum ertragen kann, und die Karibus sind zwar in großer Zahl vorhanden, aber sie sind in Richtung Arktis abgewandert und bewegen sich sehr unsicher. Ihre Wanderroute kann in einem Jahr fünfzig bis einhundert Meilen östlich oder westlich der Stelle verlaufen, an der sie im Vorjahr waren. In den 350.000 Quadratmeilen der Barren Grounds kann man selbst in einer solchen Zeit des Überflusses leicht mehrere Tage verbringen, ohne Karibus zu finden; und sie nicht zu finden, könnte leicht den Hungertod bedeuten.

IN DER UNTERZAHL

Die ausgedehntesten Ausflüge in die Barren Grounds auf der Suche nach Moschusochsen vor meinem Abenteuer hatten zwei Engländer unternommen, Warburton Pike und Henry Toke Munn. Mr. Pike (ein erfahrener Jäger, dessen 1892 veröffentlichtes Buch „Barren Ground of Northern Canada" noch heute als einer der interessantesten und treuesten Beiträge zur Sport- und Abenteuerliteratur gilt) verbrachte den größten Teil von zwei Jahren in diesem Land und unternahm mehrere Sommer- und Herbstausflüge in die Barren Grounds. Einen Sommerausflug unternahm er ausschließlich mit dem Ziel, Karibus zu erlegen und zu verstecken, die er bei der nächsten Herbstjagd auf Moschusochsen verwenden konnte, wenn die Karibus selten waren. Trotz all dieser Vorbereitungen hatte er es bei der Herbstjagd sehr schwer und konnte nicht alles erreichen, was er sich vorgenommen hatte. Er bekam jedoch den Moschusochsen, den er jagte. Auf Munns Herbstausflug hatten er, seine Gruppe und ihre Hunde eine wahrhaft hungernde Zeit, obwohl es in den Seen noch keine Fische gab. Ich erwähne diese beiden Ausflüge im Einzelnen, um die Schwierigkeiten der Jagd im Barren Grounds zu veranschaulichen, selbst unter den günstigsten Bedingungen.

Die Indianer richten ihre Jagdausflüge in die Barren Grounds nach der Bewegung der Karibus – im Frühsommer, etwa im Mai, wenn die Karibus ihre Wanderung aus den Wäldern zum Arktischen Ozean beginnen, und im Frühherbst, wenn die Karibus sich ziemlich weit verteilt haben und wieder zurück in Richtung Wald wandern. Karibus sind zum Vordringen in die Barren Grounds unbedingt erforderlich, da es von den Wäldern bis zu den Orten, an denen die Moschusochsen leben, eine beträchtliche Entfernung ist und man keine andere Nahrung finden kann, als die, die diese Mitglieder der Hirschfamilie liefern. Auch wird ein Ausflug in die Barren Grounds nicht immer mit Moschusochsen belohnt. Viele Indianertrupps sind hineingegangen und haben nicht einmal eine Spur gesehen, und viele andere haben sich am Rand herumgeschlagen, weil sie sich davor fürchteten, ins Landesinnere vorzudringen, und vielleicht auf einen verirrten Ochsen hofften. Die Indianer, die wegen der geringeren Nachfrage nach dem Fell heute nicht mehr so viel Moschusochsen jagen wie früher, gehen normalerweise in Gruppen von vier bis sechs Tieren hinaus; nie weniger als vier, denn sie könnten nicht genug Holz mitnehmen, um weit genug in das unfruchtbare Land vorzudringen und dort mit einigermaßen viel Hoffnung auf Wildfang zu haben; und selten mehr als sechs, denn wenn sie so weit ins Land vorgedrungen sind, wie sechs Schlitten voll Holz es erlauben, haben sie entweder alles, was sie wollten, oder sie haben genug vom Frieren und Hungern und müssen sich auf den Heimweg machen. Nur die Mutigsten wagen die Reise; ein Moschusochsenjäger und ein ausdauernder

Schneeschuhläufer zu sein, ist der größte Ehrgeiz und die größte Höhe, die ein Indianer des fernen Nordens erreichen kann.

Bevor ich meine Reise antrat, hörte ich viel von Pemmikan und bildete mir ein, dass es an fast jedem nördlichen Posten erhältlich sei und dass es eine zuverlässige Futterquelle sei. Die Wahrheit ist jedoch, dass Pemmikan heutzutage in diesem Teil des Landes ein sehr seltenes Produkt ist und tatsächlich nirgendwo südlich des Großen Sklavensees und nur gelegentlich dort zu finden ist. Das liegt vor allem daran, dass die Karibus nicht mehr so zahlreich sind wie früher, und die Indianer ziehen es vor, das Fett für den Eigenverbrauch aufzubewahren, wenn sie sich in ihren Herbstlagern wohlfühlen. Sogar bei den Indianern rund um den Großen Sklavensee wird Pemmikan bei gewöhnlichen Ausflügen (Reisen) nur sehr selten verwendet. Es wurde durch zerstoßenes Karibufleisch ersetzt, das in kleinen Beuteln aus Karibuhaut transportiert und mit Fett gegessen wird. Von Fett kann man im Nordland nie genug bekommen, denn dort wird es gegessen, so wie manche in der zivilisierten Welt Zucker konsumieren. Und dies ist auf das Verbrennen des Gewebes in kaltem, trockenem Klima und das Fehlen von Brot und Gemüse zurückzuführen; denn Fleisch und Tee sind die einzigen Nahrungsmittel. Kaffee ist übrigens ein Luxus, der nur gelegentlich auf dem Tisch eines Postfaktors der Hudson's Bay Company zu finden ist.

Es gibt so viel zu erzählen, wenn man eine angemessene Vorstellung davon vermitteln will, was die Jagd auf den Moschusochsen bedeutet, dass es mir etwas schwer fällt, ohne große Ausführlichkeit das gesamte Feld abzudecken. Ich nehme an, dass es daran liegt, dass der Moschusochse das unzugänglichste Tier auf der ganzen Welt ist, dass die Neugier auf die Jagdbedingungen und das Interesse an der Darstellung der eigenen Erfahrungen so groß ist. Von Zeit zu Zeit erreichen mich sehr viele Briefe voller Fragen, und ich bin und werde immer gerne bereit sein, in persönlichen Briefen alle Daten hinzuzufügen, die ich hier übersehen habe. Ich versuche jedoch, dieses Kapitel für diejenigen, die daran denken, jemals in dieser Region nach Moschusochsen zu suchen, durchaus praktisch und verständlich zu gestalten. Der einfachste Weg ist, wie ich bereits sagte, die Fahrt mit dem Hudson's Bay Trading-Boot, das Athabasca Landing verlässt, sobald das Eis bricht, bis zur Resolution. Wenn Sie sich vorher schriftlich mit dem Faktor in Resolution abgesprochen haben, werden Sie dort rechtzeitig ankommen, um im Sommer eine Jagd in die Barren Grounds zu unternehmen, die, wie ich gezeigt habe, über kurze Portagen und eine Seenkette erreicht werden können von der nordöstlichen Ecke des Great Slave Lake und dem Lockhart's River folgend. Wenn Sie sich nicht verzögern und nicht zu weit in die Barren Grounds vordringen, haben Sie eine Chance, auf dem Wasser wieder herauszukommen und zum Athabasca Landing zurückzukehren. Aber um dies zu erreichen, müsste alles nach Ihren Vorstellungen verlaufen und die Reise möglichst schnell erfolgen. Wenn man nicht rechtzeitig auf dem offenen Wasser unterwegs wäre, müsste man eine Schneeschuhwanderung von 1400 Kilometern zurücklegen oder bis zum nächsten Frühjahr, wenn das Eis wieder aufbricht, dort bleiben.

Die kanadische Regierung schützt Moschusochsen seit mehreren Jahren, und um jagen zu dürfen, muss man von dieser Regierung eine Sondergenehmigung erhalten. Der Schutz der Moschusochsen scheint kaum notwendig zu sein, denn obwohl die Polarexpeditionen auf Grönland und auf den arktischen Inseln eine große Zahl von Moschusochsen abgeschlachtet haben, war und wird die Tötung von Moschusochsen im eigentlichen Ödland nie groß genug sein und wird es auch nie sein Geben Sie der kanadischen Regierung Anlass zur Sorge. Der Moschusochse gehört zu einer Gattung, die unter den Tieren der Welt offenbar im Niedergang begriffen ist, aber wenn die Tiere in den Barren Grounds aussterben, wird dies mit Sicherheit niemals durch ihre Tötung durch Weiße oder Indianer geschehen. Wenn der Haut ein großer Wert beigemessen wird, ist das vielleicht eine andere Geschichte; Aber die Wahrheit ist, dass das Gewand des Moschusochsen kein wertvolles Fell ist, es ist zwar begehrt, aber sehr wenig. Es ist zu grob, um es zu tragen, und die einzige Verwendung, für die es vortrefflich geeignet zu sein scheint, ist die als Schlittenrobe.

Es ist kein Problem, Indianer für die Sommerjagd zu bekommen, denn dann ist der Arbeitsaufwand im Vergleich zum Schneeschuhwandern gering und man braucht sich keine großen Sorgen um die Vorräte zu machen. Auch die Sicherung der Indianer für den Frühherbst würde nur sehr geringe Schwierigkeiten bereiten. Die großen Schwierigkeiten, auf die ich bei der Organisation meiner Party stieß, waren ausschließlich auf die Jahreszeit zurückzuführen, in der ich das Unternehmen wagte. Ich war nicht unbedingt auf der Suche nach Härten, aber ich musste gehen, wenn ich meinen beruflichen Pflichten entfliehen konnte, und das führte mich am ersten März nach Great Slave Lake. Februar und März sind die beiden schlimmsten Monate des gesamten Jahres in den Barren Grounds. Es ist die Zeit, in der die Stürme ihren Höhepunkt erreichen und das Thermometer ihren Tiefpunkt erreicht. Zu dieser Zeit war noch nie jemand in den Barren Grounds gewesen, und die Indianer, die sich sehr ungern in ein unbekanntes Land oder zu einer ungewöhnlichen Jahreszeit wagen, waren nicht geneigt, mich zu begleiten. Tatsächlich gelang es mir nur durch den diplomatischen Umgang des Leiters und durch die äußerst freundlichen Büros des Postfaktors der Hudson's Bay Company, Gaudet, jemals einen Anfang zu machen.

Vielleicht ist es für diejenigen, die eines Tages eine solche Reise planen, hilfreich, hier meine persönliche Ausrüstung aufzulisten.

Ein Wintermantel aus Karibufell, gefüttert mit einem Paar 4-Punkt-Decken der Hudson's Bay Company.

Ein Wintercapote (Mantel mit Kapuze) aus Karibufell.

Ein dicker Pullover.

Zwei Paar mit Elchfell gefütterte Fäustlinge.

Ein Paar Handschuhe aus Elchfell. (Werden in den Fäustlingen getragen.)

Ein Paar Strouds (locker sitzende Leggings).

Drei Seidentaschentücher.

Acht Paar Mokassins.

Acht Paar Seesocken.

Ein Kupferkessel (zum Teekochen).

Eine Tasse.

45-90 Winchester-Gewehr mit Halbmagazin.

Jagdmesser. (Siehe Schnitt Seite 45.)

Kompass.

Spiritusthermometer.

10 Pfund Tee.

12 Pfund Tabak.

Mehrere Schachteln Streichhölzer.

Feuerstein, Stahl und Zunder.

Zwei Flaschen Mustang-Liniment (das sofort festfror und so blieb; zum Glück hatte ich keine Gelegenheit, es zu verwenden).

Außerdem hatte ich für Notfälle, wie die Amputation gefrorener Zehen oder andere ebenso unangenehme Zwischenfälle, ein Skalpell, antiseptische Lutschtabletten, Bandagen und Jodoform dabei. Von dieser Ausrüstung waren wohl zwei Gegenstände wichtiger als die Handschuhe aus Elchfell und die Strouds. Die Handschuhe werden unter den Fäustlingen getragen und immer getragen; wer klug ist, geht nie ohne Hände in die Barren Grounds, weder tagsüber noch nachts. Die Strouds (die bis übers Knie reichen und von einem Riemen und einer Schlaufe am Hüftgurt gehalten werden) fangen den fliegenden und gefrierenden Schneestaub von den Schneeschuhen auf und schützen so die Hose. Ich vergaß übrigens zu erwähnen, dass ich irische Frieshosen trug, die unten eng geschnitten waren, damit sie sich leicht um die Knöchel binden ließen. Meine Unterwäsche war sehr dick und ich hatte ein Paar Mokassins dabei, die aus dem ungeborenen Kalb des Moschusochsen gemacht waren, innen mit Fell. Wenn Sie jemals auf der Jagd nach Moschusochsen sind, bringen Sie nichts von draußen mit, außer Ihrem Gewehr, Munition und Messer. Alles andere sollten Sie am Ausrüstungsposten sichern. Es gibt nichts auf der Welt, das dem Karibufell-Kapote für Reisen im Norden gleichkommt; es ist sehr leicht und praktisch winddicht. Sie werden auch ein Tipi aus Karibufell mitnehmen. Dieses Tipi oder diese Hütte dient nicht Ihrem Komfort oder Schutz vor schlechtem Wetter, sondern ausschließlich dem Schutz Ihres Lagerfeuers; denn der wütende Wind, der im Winter über die unfruchtbaren Ländereien fegt, würde nicht nur Ihre Flamme ausblasen, sondern auch Ihr Holz wegblasen. Die Stangen für Ihre Hütte schneiden Sie aus dem letzten Holz und binden sie an die Seite des Schlittens.

Im Sommer ist die Frage des Transports viel einfacher; Sie fahren mit dem Kanu und brauchen keine Strouds oder den Winter-Capote aus Karibufell. Es gibt einen sehr großen Unterschied zwischen den Winter- und Sommerkaribufellen, und letzteres wird für die Sommerausflüge verwendet. Auch im Sommer braucht man kein Tipi.

IV
METHODE DER JAGD

Bei den Indianern, die südlich und westlich der Barren Grounds leben (kein Indianer lebt in den Barren Grounds), ist die Methode der Moschusochsenjagd praktisch dieselbe, und wie ich im ersten Teil dieser Arbeit gezeigt habe, ist sie es auch Der Grund dafür ist, dass es den Indianern an guten Jagdfähigkeiten mangelt und ihre Hunde weder trainiert noch mutig sind, weshalb größere Beute nicht gemacht wird. Weiße Jäger und dressierte Hunde konnten praktisch jede Moschusochsenherde, die ihnen begegnete, ausrotten; Denn es stimmt zwar, dass Moschusochsen einen langen Lauf zurücklegen, wenn man sie erst einmal gesichtet hat, aber wenn man bei ihnen ankommt und die Hunde sie in die Enge getrieben haben, ist es fast so, als würde man auf einem Pferch Rinder erschießen. Es gibt immer eine lange Laufzeit. Ich glaube, ich hatte nie weniger als drei Meilen zurückgelegt, und bei der ersten Jagd, die ich beschrieben habe, musste ich neun oder zehn Meilen zurückgelegt haben. Aber, wie gesagt, wenn man sich ihnen nähert, ist es leicht, denn sie werden den Hunden standhalten, solange die Hunde sie anbellen. Und all dieses Laufen wäre unnötig, wenn die Indianer mehr Jagdgeschick und Urteilsvermögen an den Tag legen würden.

Ostgrönland Moschusochsenkalb

Gesammelt in Fort Conger von Commander RE Peary, USN (aus einem Foto des American Museum of Natural History)

KOPF EINES ZWEIJÄHRIGEN MOSCHUSOCHSENBULLEN

Vom Autor im Barren Grounds getötet und fotografiert. Die Hörner zeigen gerade erst eine Abwärtstendenz. Das Haar auf der Stirn ist grau, kurz und etwas lockig. Der Hintergrund ist das im Text erwähnte Tipi.

Obwohl die Prärielandschaft des Landes nicht unbedingt die beste zum Pirschen ist, kann man sich doch relativ nahe an eine Herde heranpirschen, bevor man die Hunde loslässt. Die Indianer tun das nie, und außerdem fangen die Hunde an zu jaulen und zu heulen, sobald sie die Beute erblicken. Das bringt natürlich die Moschusochsen in Aufregung, die sich ausnahmslos den unwegsamsten Teil des Landes aussuchen, da sie zweifellos das Gefühl haben, und das zu Recht, dass ihre Verfolger es schwerer haben werden, ihnen zu folgen. Auf Indianerhunde ist nicht immer Verlass, denn sie neigen dazu, in der Gruppe zu jagen, und Ihre gesamte Hundemeute neigt dazu, anzuhalten und nur drei oder vier Nachzügler der Herde festzuhalten, während der Rest der Moschusochsen entkommt. Manchmal, wenn sie praktisch die gesamte Herde anhalten, ist es sehr wahrscheinlich, dass die Hunde, bevor Sie zu ihnen kommen, ihre ursprüngliche Position verlassen und sich allmählich zusammenschließen; vielleicht hält die gesamte Hundemeute schließlich nur noch ein halbes Dutzend fest, während der Rest der Moschusochsen weitergelaufen ist. Wenn Moschusochsen anhalten, bilden sie immer einen Kreis mit dem Hinterteil nach innen und dem Kopf nach außen. Dabei spielt es keine Rolle, ob die Herde dreißig oder ein halbes Dutzend Tiere umfasst, ihr Verhalten ist das gleiche. Wenn es nur zwei sind, stehen sie mit dem Hinterteil nach außen gerichtet. Ich habe schon einmal einen einzelnen Moschusochsen gesehen, der sich mit dem Rücken an einen Felsen lehnte. Anscheinend fühlen sie sich nur sicher, wenn sie ihr Hinterteil gegen etwas lehnen.

Die Jagd auf Moschusochsen an der arktischen Küste oder auf arktischen Inseln nach Art der Polarexpeditionen ist viel einfacher. Dort sind die Jäger immer verhältnismäßig nahe an ihren Versorgungsstützpunkten, und allen Berichten zufolge gibt es mehr Moschusochsen als im Landesinneren. Frederick Schwatka zufolge jagen die Innuit Moschusochsen mit großer Geschicklichkeit. Sie spannen ihre Hunde anders vor den Schlitten als die Indianer im Süden. Die südlichen Indianer spannen ihre vier Hunde hintereinander zwischen zwei gemeinsamen Strängen, einen auf jeder Seite, während jeder Eskimohund seinen eigenen Strang hat, der unabhängig vor den Schlitten gespannt wird. Wenn die Innuit die Moschusochsen sehen, nimmt jeder Jäger die Hunde von seinem Schlitten und macht sich mit ihren Strängen in der Hand auf die Suche nach dem Wild. Diese Methode ist in zweierlei Hinsicht klug: erstens ist sie dem laufenden Jäger eine ungemeine Hilfe, da die vier oder fünf sich anstrengenden Hunde ihn praktisch hinter sich ziehen; Schwatka sagt sogar, dass diese Innuits, wenn sie an einen Hügel kommen, sich hinhocken und hinunterrutschen, wobei sie sich der Länge nach auf den Schnee des ansteigenden Ufers werfen, das die aufgeregten Hunde ohne jede Anstrengung seitens des Jägers hinaufziehen. Ich möchte hier hinzufügen, dass, wenn ein solcher Plan in den Barren Grounds über die felsigen Bergrücken verfolgt würde, die Überreste des Jägers kein Interesse mehr an der Moschusochsenjagd hätten, wenn die Spitze eines Bergrückens erreicht wäre. Im Ernst, der Hauptwert dieser Jagdart besteht darin, dass der Jäger seine vier bis sechs Hunde unter Kontrolle hat, die übliche Anzahl für den Eskimoschlitten. Wenn sie die Moschusochsenherde eingeholt haben, lässt er sie los und kann mit dem Geschehen beginnen. Die Eskimohunde sind von der Rasse her den Hunden der weiter südlich lebenden Indianer weit überlegen und werden außerdem darauf trainiert, stumm zu laufen.

Die Chancen, in den Barren Grounds Moschusochsen zu fangen, sind im Sommer nicht so gut wie im Winter, denn beim Kanufahren ist man natürlich an die Seenkette gebunden und der Kurs ist daher vorgeschrieben, was unmöglich ist nach Belieben über das Land zu reisen, wie es im Winter ist, wenn alles gefroren ist. Ein Jagdtag gleicht dem anderen. Es gibt nichts, was das Auge des Naturliebhabers erfreuen könnte. Im Winter ist es, als würde man über ein großes gefrorenes Meer reisen; Im Sommer ist es eine große, öde Einöde aus Moos und Flechten, übersät mit Seen und felsigen Bergkämmen, die niemanden oder eine bestimmte Richtung beachten. Es gibt ein schwarzes Moos, das die Indianer manchmal verbrennen, wenn sie es trocken genug vorfinden, und einen kleinen Strauch, der einen bitteren

Tee liefert, wenn der Tee der Zivilisation aufgebraucht ist. In fast allen Seen gibt es Fische, und ein Jäger sollte wirklich mit Erfahrung und Urteilsvermögen im Sommer ein- und aussteigen, ohne übermäßig zu verhungern. Warburton Pike, der das karge Gelände im Sommer gründlicher studiert hat als jeder andere lebende Mensch, berichtet von Stellen, die mit wilden Blumen bedeckt sind, die zwar nicht in die Höhe wachsen, aber vergleichsweise üppig und einigermaßen schön sind.

Die Entfernung, die Sie an einem Sommertag durch die Barren Grounds zurücklegen, hängt ganz von Ihren Neigungen ab, denn mit den Fischen und den wandernden Karibus sind Sie ziemlich sicher vor Hunger, und das Wetter ist verhältnismäßig warm, so dass man unterwegs verweilen kann. Im Winter sieht die Sache ganz anders aus, denn dann ist die Nahrungsversorgung immer ein Problem, und Sie müssen jeden Tag von Ihrem knappen Holzvorrat zehrt. Je weiter Sie vordringen, je näher Sie der arktischen Küste kommen, desto wahrscheinlicher ist es natürlich, dass Sie Moschusochsen sehen; und je schneller Sie reisen, desto weiter können Sie natürlich vordringen. Wir legten im Durchschnitt etwa dreißig Kilometer pro Tag zurück. Das bedeutet, dass wir vom Aufbruch bis zum Aufschlagen unseres Lagers jede Stunde beschäftigt waren. Die Uhrzeit des Aufbruchs hing sehr stark davon ab, ob Mond schien oder nicht. Wenn Mond schien, brachen wir so auf, dass wir bei Tagesanbruch gut unterwegs waren, was bei unserer Ankunft in den Barren Grounds etwa neun Uhr war. Wenn kein Mond schien, warteten wir auf Tageslicht. Es schien immer Mond, es sei denn, es stürmte; aber es stürmte die meiste Zeit. Wenn der Mond jedoch schien, war er immer voll. Wenn wir auf den zugefrorenen Flüssen vom Lac La Biche zum Großen Sklavensee reisten, wo es nur darum ging, von einem Posten zum nächsten zu gelangen, brachen wir gewöhnlich gegen zwei Uhr morgens auf. Die Sonne ging gegen zehn Uhr auf und gegen drei Uhr unter, und fast unmittelbar danach wurde es dunkel. Auf dieser Flussreise legte ich für die (etwa) neunhundert Meilen durchschnittlich volle fünfunddreißig Meilen pro Tag zurück.

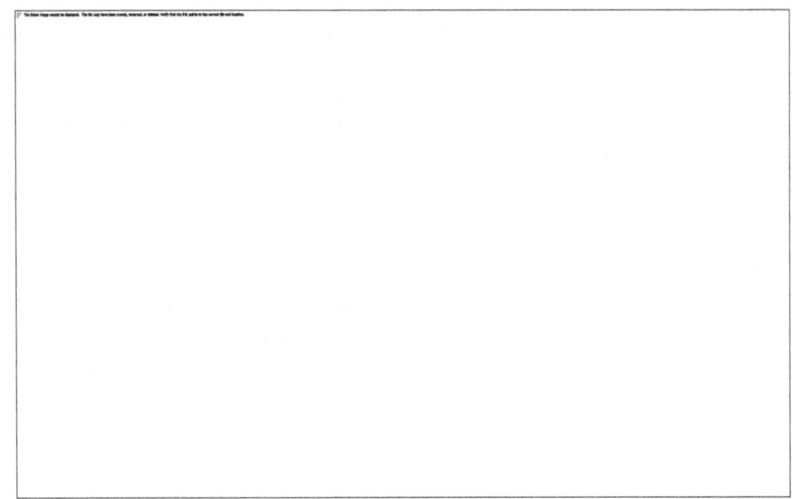

MOSCHUSOCHSEN AUF KAP MORRIS JESUP (88° 39′ Nord). VON HUNDEN ZUM SPIEL GEBRACHT AM 17. MAI 1900

Die Tiere befinden sich weniger als eine Viertelmeile von der nördlichsten Grenze des nördlichsten Landes der Erde entfernt. Foto mit freundlicher Genehmigung von Robert E. Peary, dessen Expedition es aufgenommen hat.

Das Barren Ground Jagdmesser und die Axt des Autors (14 Zoll lang)

Ich denke, die anstrengendste Stunde des 24-Stunden-Tages in Barren Grounds war die Campingzeit am Nachmittag. Beniah wählte ausnahmslos die höchste und exponierteste Position, die zu finden war, damit unser Tipi für die Pfadfinder besser sichtbar war, die den ganzen Tag auf beiden Seiten auf der Suche nach Karibus oder Moschusochsen waren. und es gab ständig die sich verzögernde Diskussion der Indianer untereinander, während ich, durch die Untätigkeit bis auf die Knochen durchgefroren, herumstand und auf das Ende des Streits wartete, bevor ich mit dem Aufbau des Lagers beginnen konnte. Da der Schnee so fest war, dass man ihn mit dem Schneeschuh nicht wegschaufeln konnte, suchte man sich immer einen felsigen Standort, wo wir uns so gut es ging an den unebenen Boden anpassten. Nachdem der Lagerplatz endgültig festgelegt war, bildeten die Schlitten einen Kreis, der Kopf und Schwanz berührte. Dann wurden drei Hüttenstangen, die oben zusammengebunden waren, in Form eines Dreiecks aufgestellt, wobei die Enden in die Schlitten gesteckt wurden, um ihnen einen festen Stand zu geben, und die vier übrigen Stangen so platziert wurden, dass sie aus dem Dreieck einen Kegel bildeten. Darüber und um ihn herum war das Tipi aus Karibufell gespannt, wobei die Unterkante nach unten und außerhalb der Schlitten gezogen war. Dann wurden Schneeblöcke geschnitten und rund um das Tipi und gegen die Schlitten aufgeschüttet; All dies geschah durch die feste Verankerung des Tipis, das so tief angebracht war, dass Kopf und Schultern offen waren, wenn man aufrecht in der Mitte stand; aber das hatte keine Auswirkung, da die Hütte lediglich zum Schutz vor dem Feuer errichtet wurde . Eine kurze Stange, die ebenfalls aus dem letzten Holz mitgeführt wurde, wurde von einer Seite zur anderen des Tipis an die eigentlichen Stangen der Hütte gezurrt, und daran hing der Kessel, befestigt mit einem Stück Babiche und einem gegabelten Stock. Dann, als alles fertig war, wurden vier oder fünf Stöcke zu gleichen Teilen von den Schlitten genommen und mit dem schweren Messer, das man bei der Moschusochsenjagd mit sich führen muss, in Anzündholz gespalten. Natürlich spendete das Feuer keine Wärme; es wurde nicht zu diesem Zweck gebaut; Es ging lediglich darum, den Tee zu kochen, und vielleicht kann ich mir am besten eine Vorstellung von seiner Größe machen, wenn ich sage, dass das Feuer erschöpft war, als der Schnee im Kessel zu Wasser geschmolzen war und das Wasser zu kochen begann. Während es brannte und der Tee kochte, hockte immer der enge Kreis von sieben hungrigen Männern Schulter an Schulter um das Licht, in der Vorstellung, dass etwas Wärme von dieser kleinen springenden Flamme kommen müsse. Außerhalb dieses anderen Schlittenkreises schnüffelten und schnüffelten und heulten die Hunde. Einmal zog ich meine Handschuhe aus, mit dem Gedanken, meine Finger zu wärmen. Ich habe kein zweites Experiment dieser Art gemacht.

Nachdem wir den Tee getrunken hatten, rollten wir uns in unsere Pelzmäntel ein und legten uns Seite an Seite um das Tipi, mit den Füßen zum Feuer und dem Kopf gegen den Schlitten, die Knie gegen den Rücken des Mannes neben uns und die Schneeschuhe unter den Kopf, weg von den Hunden, die die Schnüre anfressen könnten. Das war nur die Vorbereitung auf den Schlaf;

wirklich einschlafen konnten selbst so müde Männer wie wir erst, wenn die Hunde ihren Kampf um uns beendet hatten; denn sobald wir in unsere Mäntel eingerollt waren, strömten die Hunde unweigerlich ins Tipi. Da es 28 Hunde waren und die Hütte an ihrer Basis einen Durchmesser von etwa sieben Fuß hatte, brauche ich die Situation nicht weiter zu beschreiben. Die Wahrheit ist, dass es keine Stunde des Tages oder der Nacht elender gab als diese, in der diese halb verhungerten Bestien um und auf uns kämpften, bevor sie sich schließlich auf uns niederließen. Bei extrem kalter Witterung ist ein Hund, der sich zu Ihren Füßen oder auf Ihrem Rücken zusammenrollt, nicht unangenehm; aber wenn einer auf Ihrem Kopf liegt, ein anderer auf Ihren Schultern oder Hüften oder vielleicht ein dritter auf Ihren Füßen, und Sie selbst auf der Seite auf steinigem, unebenem Boden liegen – glauben Sie mir, das ist kein schönes Erlebnis. Natürlich sind Sie mit Kopf und Armen ganz in Ihren Schlafmantel eingehüllt; wenn Sie aufstehen, um die Hunde herunterzustoßen, setzen Sie Ihren Mantel der Kälte aus: und die Hunde würden wieder auf Ihnen liegen, sobald Sie sich hingelegt hätten.

Es geht um das Moschusochsen-Spiel, und deshalb hält man durch.

V
DER MOSCHUSOCHSE

Der unfruchtbare Moschusochse (*Ovibos moschatus*)

Ein ausgewachsener Bulle. (Von einem Foto des American Museum of Natural History)

Obwohl weder das Aussehen noch das Leben des Moschusochsen auf Romantik schließen lassen, ist er bei den Indianern und Eskimos doch ein Geheimnis. Sie sagen, er sei nicht wie andere Tiere, er sei schlau und spiele ihnen Streiche, man könne sich ihm nicht nähern und er verstehe, was man sagt. Die Indianer, unter denen ich reiste, haben eine Überlieferung, dass vor vielen Jahren eine Frau in die Barren Grounds gewandert sei, sich verirrt habe und schließlich vom „Feind" in einen Moschusochsen verwandelt worden sei. Vielleicht erklärt dies die gelegentliche Angewohnheit dieser Indianer, mit ihnen zu sprechen, ihnen Anweisungen zu geben, in welche Richtung sie fliehen sollen usw. Mehrere Autoren behaupten, dass diese Indianer bei der Jagd nicht mit anderen Tieren sprechen; ich habe sie jedoch beim Jagen von Karibus auf dieselbe Weise plappern hören wie beim Jagen von Moschusochsen. Warum die Indianer den Moschusochsen für schlau oder wild halten, scheint mir das einzige mysteriöse Element in der Diskussion zu sein; ein weniger wild aussehendes Tier für seine Größe dürfte meiner Meinung nach unmöglich zu finden sein. Mehrere Arktisforscher, die über den Moschusochsen geschrieben haben, bezeichnen ihn auch als „furchterregend" und „wild", aber das sind die letzten Adjektive, die ich auf das Tier anwenden sollte. Die Indianer und einige der arktischen Autoren sagen auch, dass es gefährlich ist, sich ihm zu nähern, besonders wenn er verwundet ist. Meine Erfahrung bestätigt diese Aussage nicht. Wir begegneten etwa einhundertfünfundzwanzig Moschusochsen und töteten siebenundvierzig, und ich sah keinen einzigen, der auch nur die Angriffsneigung zeigte, die ihm zugeschrieben wird. Sie stehen mit gesenktem Kopf da, haken nach den Hunden, die ihnen am nächsten sind, und machen gelegentlich eine Bewegung nach vorne, praktisch ein Täuschungsmanöver, aber ich habe nie gesehen, dass einer wirklich einen Hund angreift, geschweige denn einen Menschen. Ich glaube nicht, dass man sie dazu bringen kann, den Kreis zu durchbrechen, den sie unweigerlich bilden, wie sie es natürlich beim Angriff tun würden. Einmal habe ich einen Moschusochsen so schwer verwundet, dass ich ihn über eine Reihe kurzer Hügel treiben und schließlich zum Stehen bringen konnte. Er war ganz allein und ich hatte keinen Hund, und als ich ihm bis auf 23 Meter nahe gekommen war, blieb er plötzlich stehen und drehte sich zu mir um, wobei er sein Heck gegen einen Felsen drückte – oder besser gesagt, über ihn, denn es war ein ziemlich kleiner Felsen. Ich ging bis auf etwa 10 bis 12 Meter an ihn heran und schoss ihm in den Kopf. Ich wollte sehen, ob ich sein Gehirn erreichen konnte, aber die Spitze seines großen Vorderhorns schützt es, abgesehen von der kleinen Öffnung von einem Zoll, wo die Hörner geteilt sind. Dann versuchte ich, mit der Absicht, ihm einen Ball hinter die Schulter oder hinter sein Ohr zu schießen, auf seine Seite zu gelangen, aber während ich mich bewegte, bewegte er sich, hielt seinen Kopf immer geradeaus auf mich gerichtet, und wir machten mehrere vollständige Kreise; doch in dieser Zeit – ich schätze zehn oder fünfzehn Minuten – machte er keinen Versuch, anzugreifen. Wenn mir nicht ein verirrter Hund begegnet wäre und die Aufmerksamkeit des Bullen auf mich gelenkt hätte, hätte ich wahrscheinlich nie die Chance gehabt, einen Schuss auf die Schulter abzugeben. Mr. Pike, der meiner Meinung nach von allen lebenden Menschen den Moschusochsen am ausführlichsten studiert hat, stimmt meiner Ansicht über das Tier, was seinen Angriff betrifft, vollkommen zu. Vielleicht würde der Moschusochse angreifen, wenn man auf ihn zugeht und ihn am Ohr zieht, aber ich bezweifle, dass er es bei geringerer Provokation tun würde, und ich bin mir wirklich nicht so sicher, ob er es selbst dann tun würde. Er scheint ein dummes, sanftes Geschöpf zu sein – alles andere als „wild". In einer kleinen Gruppe von acht Tieren, die wir von der Hauptherde getrennt und getötet hatten, rannte ein einjähriges Kalb gegen meine Beine und suchte anscheinend genau wie ein junges Schaf Schutz vor den Hunden.

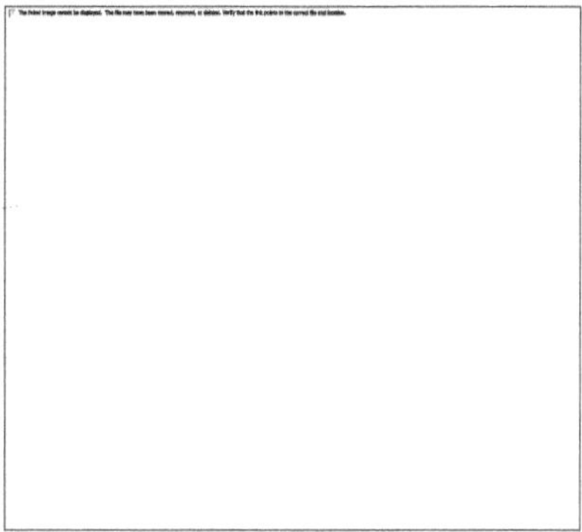

Vorfuß des Barren Grounds Moschusochsen. ½ tatsächliche Größe

Der Moschusochse scheint tatsächlich ein wahres Bindeglied zwischen dem Ochsen und dem Schaf zu sein. Er hat den rudimentären Schwanz, die Struktur der Backenzähne, die haarige Schnauze und die Eingeweide des Schafs; seine kurzen und breiten Röhrbeine sind denen des Ochsen ähnlich und unterscheiden sich stark von denen des Schafs oder der Ziege. Die Hufe sind groß, mit gekrümmten Zehen und etwas konkav an der Unterseite, wie der Huf des Karibus, was das Erklimmen felsiger Grate erleichtert und das Wegkratzen des Schnees von ihrer einzigen Nahrung, den Flechten und dem Moos, wozu auch ihre Hörner hervorragend geeignet sind. Mr. Rhodes hat die Theorie der Existenz eines Übergangs zwischen dem Moschusochsen und dem Bison aufgestellt, aber die Struktur der Backenzähne und der rudimentäre Schwanz überzeugen Professor R. Lydekker, vielleicht die bedeutendste wissenschaftliche Autorität, von der Unmöglichkeit, dass es irgendeine Art von Verwandtschaft zwischen den beiden Gruppen gibt. Wissenschaftlich gesehen gehört der Moschusochse zur Gattung OVIBUS , die wiederum unterteilt ist in *O. moschatus* , den Typ Barren Grounds und Greenland, *O. wardi* (Lydekker) und *O. bombifrons* , auch bekannt als Harlans Moschusochse, eine ausgestorbene Art, die sich, kurz gesagt, von der heute lebenden Art hauptsächlich in der Form der Hörner unterschied, die nicht so nach unten gebogen waren wie die heute lebenden Arten, und auch verliefen die Hörner nicht so nah am Kopf wie heute.

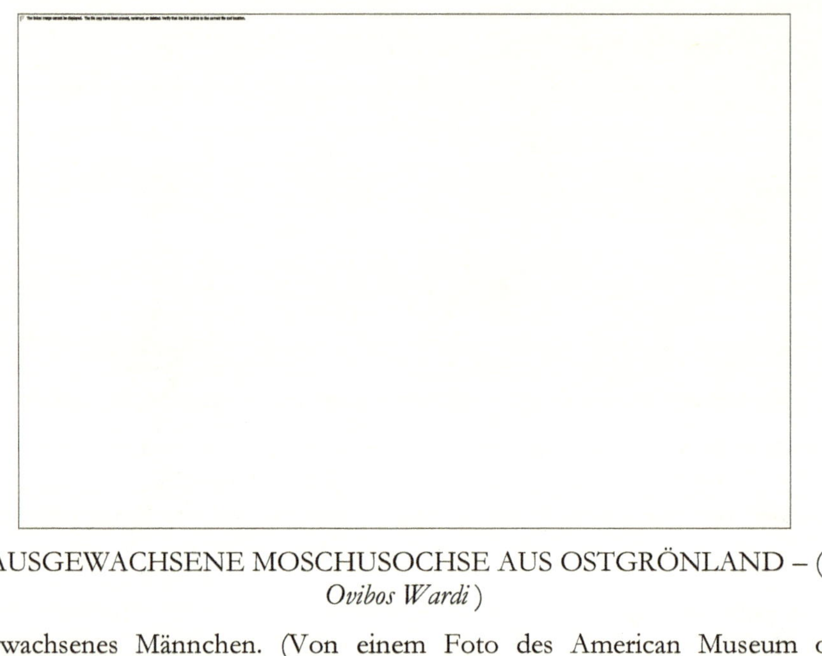

AUSGEWACHSENE MOSCHUSOCHSE AUS OSTGRÖNLAND – (
Ovibos Wardi)

Erwachsenes Männchen. (Von einem Foto des American Museum of Natural History)

Vorderfuß eines Moschusochsen aus Ostgrönland. ½ Originalgröße

Bis 1898 war *O. moschatus* die einzige existierende Art, die Jägern und Wissenschaftlern bekannt war. In diesem Jahr jedoch erlegte der Arktisforscher Lieutenant Peary auf der Bache-Halbinsel in Grönland eine Reihe von Exemplaren, die, als sie an das Museum of Natural History in New York geschickt wurden, nach Ansicht von Professor JA Allen ausreichend einzigartig waren, um eine Klassifizierung zu rechtfertigen. In der Zwischenzeit hatte der Londoner Tierpräparator Rowland Ward durch Kauf einige ähnliche Exemplare aus Ostgrönland erworben, die Professor Lydekker als neue Art erkannte und Mr. Ward zu Ehren *O. moschatus wardi* nannte . Mr. Wards Exemplare hatte er von Walfängern erhalten, die sie wiederum durch Handel mit Eingeborenen in Ostgrönland erhielten. Lieutenant Pearys Exemplare jedoch hatte er selbst vor Ort gesammelt, und ihm gebührt zweifellos die Ehre, dass die neue Art seinen Namen trägt. Professor Allen hat damit recht, und obwohl er den Namen von Professor Lydekker übernommen hat, behält er *O. pearyi* (Allen) als vorläufigen Namen vor, der für das Tier aus Grinnell Land akzeptiert werden könnte, für den Fall, dass es sich als trennbar erweisen sollte. Dies scheint jedoch unwahrscheinlich. Der deutlichste Unterschied zwischen *O. wardi* , wie er genannt wird, oder *O. pearyi* , wie er heißen sollte, und *O. moschatus* besteht im Kopf. Die gesamte Vorderseite des Kopfes der neuen Variante ist mehr oder weniger grau statt ganz braun, wie bei *O. moschatus* ; während die Hornbasis der neuen Variante viel schmaler und in der Form etwas anders ist als die der alten Variante. Die Schädel der beiden Varianten sind praktisch gleich; zumindest gibt es einen sehr geringen Unterschied. Die Gesamtfarbe des Fells der neuen Variante ist ein wenig heller und das Tier selbst ist nicht so groß oder schwer gebaut.

SCHÄDEL DES OSTGRÖNLAND-MOSCHUSOCHSEN – (*Ovibos Wardi*)

SCHÄDEL DES KAGEN BODENMOSCHUSOCHSEN – (*Ovibos moschatus*)

SEITENANSICHT – (*Ovibos Wardi*)

SEITENANSICHT – (*Ovibos moschatus*)

Wie die beiden Moschusochsenarten überhaupt nach Grönland gelangten, war Gegenstand vieler Diskussionen unter Wissenschaftlern, die sich nun jedoch endgültig darauf geeinigt zu haben scheinen, dass sie die Insel von Westen her erreichten, indem sie von Ellesmere Land aus den Smith Sound und von Grinnell Land aus den Robeson Channel überquerten und von dort entlang der niedrigen Küste Grönlands nach Ostgrönland gelangten. Außerhalb der arktischen Inseln und des arktischen Amerikas bis zum 62. Breitengrad ist der Moschusochse unbekannt. Es gab jedoch eine Zeit, in der sein Verbreitungsgebiet den gesamten Teil der nördlichen Hemisphäre umfasste, der ungefähr zwischen dem Polarkreis und dem Nordpol liegt. Es scheint sogar möglich, dass der Moschusochse in grauer Vorzeit ein breiteres und viel südlicheres Verbreitungsgebiet hatte, denn der Schädel, nach dem der ausgestorbene Typ *Bombifrons* benannt wurde, wurde in Kentucky gefunden, ein weiterer wurde auch in Arkansas gefunden. Fossile Überreste von Moschusochsen wurden in Sibirien, Alaska, Grinnell Land und Nordeuropa ausgegraben. Es gibt keine zuverlässigen Angaben darüber, dass sie, soweit sich der heute lebende Mensch erinnern kann, jemals in Alaska gefunden wurden, und ihr Verbreitungsgebiet liegt nicht näher als 320 Kilometer vom Mackenzie River entfernt, der als ihre westliche Grenze gilt. Es wurde viel darüber gesagt, dass sie erst vor kurzem in Alaska gelebt haben. Ich habe sorgfältig nach zuverlässigen Angaben zu ihrem westlichen Verbreitungsgebiet gesucht, konnte jedoch keine vertrauenswürdigen Informationen finden, die auch nur auf eine Überlieferung ihrer Existenz in Alaska schließen lassen. Und darüber, dass sie in der Nähe des Mackenzie

River gesehen wurden, fand ich nichts Sichereres als vom Vater an den Sohn weitergegebenes Hörensagen. Von Zeit zu Zeit tauchen Berichte über einen in Alaska gefundenen Moschusochsen in gedruckter Form auf. Solche irreführenden Informationen basieren auf den Erzählungen von Händlern, die vielleicht an einem Posten in Alaska ein Moschusochsenfell erstanden haben. Mr. Andrew J. Stone, der mehrere Jahre im hohen Norden verbracht hat, um für das Museum of Natural History zu sammeln, und der Alaska und das ganze weite Land westlich des Mackenzie River genau kennt, hat diese Frage in einer Erklärung behandelt, die 1901 in einem Bulletin des American Museum veröffentlicht wurde. Sie berührt schließlich eine viel diskutierte Frage und scheint mir wichtig genug, um sie hier dauerhaft zu dokumentieren. Deshalb gebe ich sie hier wieder.

MÄNNLICHES JÄHRLING DES OSTGRÖNLAND-
MOSCHUSOCHSEN

(Aus einem Foto des American Museum of Natural History)

Was das westliche Verbreitungsgebiet der Moschusochsen betrifft.

28. Februar 1901.

MEIN LIEBER DR. ALLEN :—

Als Antwort auf Ihre Anfrage bezüglich der Existenz des Moschusochsen (*Ovibos moschatus*) westlich des Mackenzie River oder in Alaska möchte ich erklären, dass es in keinem Teil des arktischen Amerikas westlich des Mackenzie diese Tiere gibt. Vor meiner Abreise in den Norden im Frühjahr 1897 hatte ich mehrere Jahre lang sorgfältig nach Informationen zu diesem

Thema gesucht, und aufgrund dessen, was ich zusammengetragen hatte, hatte ich die schwache Hoffnung, einige dieser Tiere in den Bergen westlich des Mackenzie zu finden, gleich südlich der arktischen Küste. Diese Berge sind als Richardson-, Buckland-, British-, Romanzof- und Franklin-Berge bekannt, aber in Wirklichkeit sind sie die westliche Verlängerung der Hauptkette der Rocky Mountains, die sich vom Mackenzie aus nach Westen entlang der arktischen Küste windet. Als wir jedoch im Winter 1898/99 die Gegend dieser Berge erreichten, zerstörte sich jede Hoffnung, dort lebende Exemplare von Moschusochsen zu finden.

Die Romanzof-Berge, aus denen Berichten zufolge kürzlich Exemplare von Moschusochsen über die Camden Bay gebracht wurden, liegen etwa 175 Meilen westlich von Herschel Island. Die Pacific Steam Whaling Company mit Sitz in der California Street Nr. 30 in San Francisco unterhält seit einigen Jahren eine Walfangstation auf Herschel Island. Dort gibt es seit einigen Jahren auch eine Mission der Church of England unter der Leitung von Rev. IO Stringer. Ich besuchte die Insel Herschel im November und Dezember 1898, um alle möglichen Informationen über das Tierleben dieser Regionen zu sammeln. Auf meinem Weg von und nach Herschel Island fuhr ich am Fuße der Davis Gilbert, Richardson und Buckland Mountains entlang. Auf beiden Reisen hielt ich mit vielen Eskimos über Nacht an, jagte damals in den Davis Gilbert Mountains und lebte im sogenannten Oakpik (Weidenlager) im äußersten westlichen Teil des Mackenzie-Deltas, ganz in der Nähe des Fußes des Mackenzie-Deltas Berge. In ihrem Lager gab es zahlreiche Exemplare von *Ovis dalli* (weißen Schafen) sowie von Karibus und Pelztieren, von Moschusochsen gab es jedoch keine Spur.

In Shingle Point an der arktischen Küste in der Nähe der Richardson Mountains verbrachte ich mehrere Tage mit einem Mann, der mit den Eskimos Handel trieb, die in den Richardson Mountains jagten. Zu dieser Zeit befanden sich mehrere Eskimos in seinem Lager, und er besaß Felle von weißen Schafen, Karibus und verschiedenen Pelztieren, aber von Moschusochsen fehlte jede Spur. Bei sorgfältiger Befragung durch meinen Dolmetscher erfuhr ich, dass die Eingeborenen anscheinend nichts von ihnen wussten, mit Ausnahme eines jungen Mannes, der auf einem der Walfangschiffe nach Osten gefahren war. Die Tooyogmioots, ein Eskimostamm, der einst an dieser Küste lebte und in diesen verschiedenen Bergen jagte, sind heute fast ausgestorben. Zwischen der Mündung des Mackenzie und Herschel Island fand ich einige wenige Exemplare, die in Schneehäusern lebten, aber in oder um ihre Wohnstätten herum fand ich keine Spur von Fellen, Knochen oder Köpfen von Moschusochsen.

Ich blieb vom 24. November bis 14. Dezember auf Herschel Island und besuchte den Ehrw. IO Stringer und Kapitän Haggerty vom Walfangdampfer *Mary Dehume*. Beide Männer konnten sich problemlos in der Eskimosprache mit den Eskimos unterhalten und unterstützten mich bei meinen Ermittlungen nach Kräften. Die gesamte Küste weit westlich von Herschel Island wird jetzt vom Eskimostamm der Noonitagmiott bewohnt. Es gab eine große Anzahl dieser Leute auf der Insel und unter ihnen waren Gruppen, die in allen genannten Bergen des Festlands jagten und die meiste Zeit in den Bergen lebten. Man sah viele Felle von Karibus, Schafen und Pelztieren im Besitz dieser Leute, aber keiner von ihnen besaß etwas vom Moschusochsen, und die einzigen Mitglieder des Stammes, die etwas über den Moschusochsen wussten, waren jene, die von Walfangschiffen nach Osten gebracht worden waren. Der ehrwürdige Mr. Stringer interessiert sich sehr für die natürlichen Ressourcen des Landes und reist viel zu diesen Menschen, aber er wusste nichts von der Existenz von Moschusochsen westlich des Mackenzie. Kapitän Haggerty hatte mehrere Jahre lang an dieser Küste überwintert und viel Handel mit den Eingeborenen getrieben, aber er hatte nie ein Moschusochsenfell westlich des Mackenzie gefunden oder davon gehört.

Alle Walfangschiffe, die hier seit Jahren überwintern, manchmal bis zu fünfzehn gleichzeitig, halten ständig Eskimojäger auf dem Feld, um frisches Fleisch für die Besatzungen zu besorgen, und schicken weiße Seeleute mit Hundeschlitten zu Besuch die Eskimolager, um das Fleisch hereinzubringen. Es ist nicht ungewöhnlich, dass diese Schlitten 150 bis 200 Meilen zurücklegen, um Fleisch zu holen, und alle Berge im Norden und Westen der Insel Herschel wurden von diesen Jägern und Schlittentrupps viele Male besucht, ohne eine Spur von Moschus zu finden -Ochse. Collinson, der 1853–54 in der Nähe von Camden Bay überwinterte, erwähnt den Moschusochsen nicht. Die Vermessungsgruppe der US-Regierung, die vor einigen Jahren auf dem Porcupine überwinterte und Rampart House, einen Handelsposten in der Hudson Bay an den Ramparts am Porcupine River, besuchte und von dort aus mit Herrn John Firth, dem Händler der Hudson Bay Company, nach Norden reiste Als ich durch diese Berge zur arktischen Küste reiste und zurückkehrte, fand ich keinen Moschusochsen. Mehrere weiße Männer sind durch diese Berge von Fort Yukon am Yukon River nach Herschel Island gereist, um Schlittenhunde der Eskimos an der arktischen Küste für den Einsatz im Yukon zu sichern, ohne sie zu sichern oder zu lernen irgendetwas vom Moschusochsen. Herr Hodgson und Herr Firth, beide im Dienst der Hudson Bay Company, waren in Fort Yukon an der Mündung des Porcupine, im Rampart House am Porcupine und im Lapierres House am Bell River, einem Nebenfluss des Porcupine, stationiert Porcupine trieb über einen Zeitraum von über dreißig Jahren Handel mit den Loucheaux-Indianern, von denen mehrere Stämme nördlich dieser Orte in den genannten Bergen jagten, ohne jemals Kenntnis von der Existenz von Moschusochsen zu erlangen; und die Hudson Bay Company hat an keinem dieser Posten Häute von Moschusochsen gesichert.

Vor dem Aufkommen der Walfänger an dieser Küste handelten auch die Küsteneskimos an diesen Posten in der Hudson Bay. Das Land zwischen dem Porcupine River und der arktischen Küste, in dessen Bezirk sich die oben erwähnten Berge befinden, ist von Norden oder Süden her vollständig zugänglich, und jeder Teil davon wird seit Jahren von Eskimos und Indianern gejagt. Barter Island, in der Nähe von Camden Bay, ist seit Jahren der Treffpunkt der Nordküsten-Eskimos, wo sie sich jeden Sommer treffen, um miteinander zu tauschen und Handel zu treiben. Auf einem dieser Mittsommerfeste kann man gefleckte Rentierfelle aus Sibirien, Walross-Elfenbein und Walrossfelle aus dem Beringmeer oder Steinlampen aus dem Land der Cogmoliks (des fernen Volkes) im Osten sehen, aber das ist nicht der Fall Es ist unmöglich, wenn auch kaum wahrscheinlich, dass dort Moschusochsenfelle gefunden werden könnten.

Ich reiste auch durch das Land der Kookpugmioots und Abdugmioots an der Arktisküste, östlich des Mackenzie. Die ersten Menschen, denen man an der Küste östlich des Mackenzie begegnet, sind die Kookpugmioots – sie jagen das Küstenland bis zur Liverpool Bay im Osten, aber viele ihrer besten Jäger haben nie einen Moschusochsen gesehen. Die Abdugmioots jagten ursprünglich im Gebiet des Anderson River, leben heute aber in der Gegend von Liverpool Bay, und die meisten von ihnen haben Moschusochsen gejagt. Die Kogmoliks, die einst rund um Liverpool und Franklin Bays lebten, heute aber praktisch mit den Kookpugmioots an den Ufern des Allen Channel verschmolzen sind, waren Moschusochsenkiller.

Viele der Eingeborenen von Port Clarence, die in der Nähe der Beringstraße leben, haben Moschusochsen getötet, allerdings nur rund um die Spitze der Franklin Bay und auf der Parry-Halbinsel, da sie von Walfängern dorthin gebracht wurden. Fast alle Walfangschiffe nehmen die Einheimischen von Port Clarence auf ihrem Weg nach Norden und Osten zu den Walfanggebieten auf und behalten sie bis zu ihrer Rückkehr, vielleicht dreißig Monate später, bei sich. Einige dieser Schiffe haben am Cape Bathurst und in der Langton Bay an der Spitze der Franklin Bay überwintert. Vier dieser Schiffe überwinterten 1897–98 in Langton Bay, und während des Winters töteten ihre Eskimos und Matrosen etwa achtzig Moschusochsen, von denen die meisten auf der Parry-Halbinsel gefangen wurden. Als ich im Winter 1898 auf Herschel Island war, sah ich vierzig dieser Felle in einem der Lagerhäuser der Pacific Steam Whaling Company. Sie waren Eigentum von Kapitän HH Bodfish vom Dampfwalfänger *Beluga* .

Das Verbreitungsgebiet des Moschusochsen reicht derzeit nicht weiter als 300 Meilen westlich des Mackenzie-Deltas. Alle Informationen über den Moschusochsen, der sich um Point Barrow und von dort aus südlich bis zur

Beringstraße und Port Clarence versammelt, stammen von Eingeborenen, die Walfangschiffe in den Osten begleitet haben. Und alle Moschusochsenfelle, die in San Francisco einen Markt finden, wurden direkt oder indirekt von den Walfangschiffen gekauft.

Mit freundlichen Grüßen,

Andrew J. Stone .

Wo immer Forscher in die östliche Arktis Nordamerikas vorgedrungen sind, haben sie Moschusochsen gefunden. Leutnant Peary, der mehr Zeit in der Arktis verbracht hat als jeder andere lebende Mensch, schreibt, dass er Moschusochsen am Kap Bryant an der Nordwestküste und am nördlichsten Ende des Grönland-Archipels, 83° 39' nördlicher Breite, erlegt hat. Aus Mangel an gegenteiligen Aufzeichnungen scheint hervorzugehen, dass sie auf allen arktischen Inseln zu finden sind, außer, seltsamerweise, auf den Inseln Spitzbergen und Franz-Josef-Land, wo sie unbekannt sind. Dass der Moschusochse anscheinend nicht wie die Rentiere auf dem Eis von Insel zu Insel wandert, ist eine weitere merkwürdige Tatsache.

Frederick Schwatka, der an der arktischen Küste jagte, und ein oder zwei Wissenschaftler verorten das südliche Verbreitungsgebiet der Moschusochsen am 60. Breitengrad, doch das ist volle zwei, wenn nicht vier Grad zu weit südlich, um ihr derzeitiges Verbreitungsgebiet korrekt darzustellen. Hearne sah 1771 Spuren auf dem 59. Breitengrad und Moschusochsen auf dem 61. Breitengrad, doch habe ich in den letzten Jahren nie gehört, dass Moschusochsen so weit südlich wie am 62. Breitengrad getötet wurden. Es ist allerdings denkbar, dass sie sich so weit nach Süden verirrt haben, obwohl dies meiner Meinung nach höchst unwahrscheinlich ist. Pike verzeichnet einen Moschusochsen, der am Aylmer Lake in den Barren Grounds getötet wurde. Dies ist die südlichste Tötung, von der ich gehört habe, und die südlichste, die Mr. Pike verzeichnet. Der Aylmer Lake liegt direkt über dem 64. Breitengrad. Unterhalb des 65. Breitengrads habe ich keine Moschusochsen gesehen und ich und Pike haben die Erfahrung gemacht, dass es bis zum 66. Breitengrad vergleichsweise nicht viele Moschusochsen gibt.

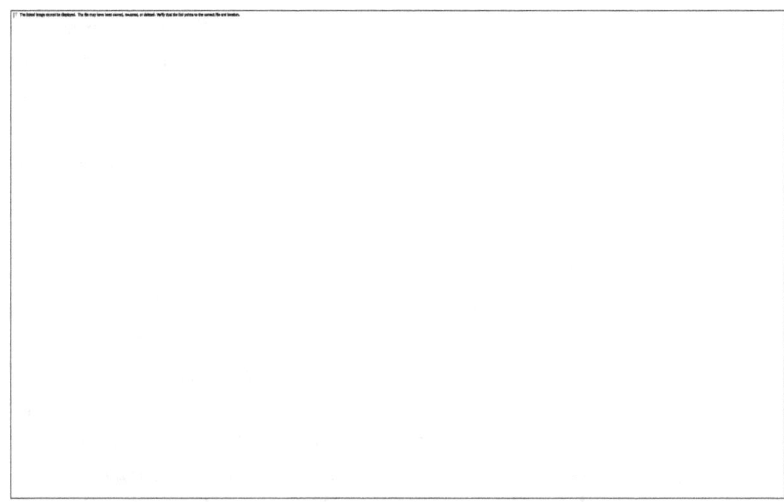

ERWACHSENE WEIBLICHE DES OSTGRÖNLANDISCHEN
MOSCHUSOCHSEN

(Von einem Foto des American Museum of Natural History)

Einige Autoren beharren darauf, den Moschusochsen als Wandertier zu bezeichnen, aber dafür gibt es keinen Grund. Im ausgewachsenen Zustand ist es etwa so groß wie das englische Schwarzvieh, seine Schulterhöhe beträgt 4 Fuß 2 bis 4 Zoll und sein Umfang ist für seine Körpergröße sehr groß. Indianer schätzen, dass das Fleisch einer ausgewachsenen Moschusochsenkuh dem von etwa drei Barren Grounds-Karibus entspricht, was zwischen 300 und 350 Pfund wiegen würde; der Bulle kann bis zu zweihundert Pfund schwerer sein. Sie reisen in Herden zwischen einem halben Dutzend und dreißig oder vierzig Tieren. Einige Autoren haben von „riesigen Herden" gesprochen und damit zweifellos Moschusochsen mit Karibus verwechselt. Fünfzig wäre eine große Herde, und ich nehme an, dass zehn bis zwanzig der Größe einer durchschnittlichen Herde ziemlich genau entsprechen würden. In der Regel umfasst eine so große Herde einen oder zwei Bullen. Ich fand Herden, die ausschließlich aus Bullen bestanden, andere, die ausschließlich aus Kühen bestanden.

Das Gewand ist von sehr dunklem Braun, das sich schwarz vom Schnee abhebt, und die Haare am ganzen Körper sind grob und lang und reichen bis unter den Bauch bis zu den Knien (besonders lang am Hinterteil, wo ich einige gemessen habe, die fünfzehn waren). bis zu 20 Zoll), und unter der Kehle hängt es als dicke Mähne herab. Es scheint eine deutliche Tendenz zu einem Buckel zu bestehen, was durch das kürzere, steife Haar, das die Schultern und den Nackenansatz bedeckt, betont wird. Und es gibt einen Sattelfleck von schmutzigem Grauweiß. Unter diesem Haar und über dem gesamten Körper wächst ein Fell aus mausgrauer Wolle von feiner Textur, das das Tier im Winter schützt und im Sommer abwirft. An den Beinen wächst keine Wolle. Sie sind massiv und obwohl sie kurz sind, scheinen sie aufgrund der langen Haare, die über sie fallen, kürzer zu sein als sie sind. Beim Laufen haben sie einen rollenden, unruhigen Gang, und ich bemerkte, dass sie nicht wieder auf die Beine kommen konnten, als sie aufgrund einer Schusswunde fielen.

Das Wachstum des Horns ist sehr interessant. Es beginnt genau wie bei Hausrindern mit einem geraden Austrieb aus dem Kopf. Im ersten Jahr ist es unmöglich, die Geschlechter anhand der Hörner zu unterscheiden. Im zweiten Jahr ist das Horn des Stiers etwas weißer als das der Kuh; die Stirn eines zweijährigen Moschusochsen, den ich erlegte, war mit kurzem, lockigem Haar bedeckt. In diesem Jahr beginnt das Horn der Kuh, sich nach unten zu biegen, und ist im dritten Jahr voll entwickelt. Die Hörner des Stiers dagegen beginnen sich im dritten Jahr gerade an der Basis auszubreiten. Sie breiten sich weiter zur Mitte der Stirn aus, bis sie sich im fünften Jahr des Stiers treffen, aber im sechsten Jahr beginnen sie sich zu trennen und hinterlassen in der Mitte einen Spalt, der sich mit zunehmendem Alter des Stiers erweitert, bis er zwischen einem und anderthalb Zoll breit ist. Bei der Kuh öffnen sich diese Spalten mit zunehmendem Alter sogar noch stärker als beim Stier. Die Hörner von Bullen und Kühen verdunkeln sich, wenn sie ihre volle Entwicklung erreichen, bis sie an der Basis von 15 bis 20 cm ganz dunkel sind. Mit zunehmendem Alter des Tieres verschwindet die extreme Dunkelheit des Horns, bis schließlich bei alten Tieren beiderlei Geschlechts nur noch eine schwarze Spitze von ungefähr zwei Zentimetern an der Spitze des Horns verbleibt. Während sich der Spalt zwischen den Hörnern bei beiden Geschlechtern erweitert, verdickt sich die Basis der Wölbung auf jeder Seite auf mindestens drei Zoll beim Bullen und zwei oder weniger bei der Kuh. An der Wölbung ist das Horn gewellt, aber an der Biegung wird es glatt und an der Spitze wie ein Ochsenhorn poliert.

Die größten Hörner, von denen ich glaube, dass es Aufzeichnungen gibt, sind im Besitz eines Tierpräparators, der sie gekauft hat; der Fundort ist jedoch unbekannt. Ihre Breite, gemessen auf und ab an der Buckelspalte oder, genauer gesagt, der Breite der Handfläche, beträgt 13¾ Zoll; die Länge der Hörner an der Außenkurve beträgt 30¼ Zoll. Das nächstgrößte Paar befindet sich im British Museum und misst 13⅛ Zoll in der Breite und 26¼ in der Länge. Das dritte Paar ist 12⅜ mal 26¾ groß und wurde dem British Museum von J. Rae, einem ehemaligen Faktor der Hudson's Bay Company, geschenkt und auf dem Barren Grounds gefunden. Das nächste ist 12½ mal 27¼ groß und Eigentum des Earl of Lonsdale, der den Kopf vor mehreren Jahren auf seinem Weg den Mackenzie River hinunter mitnahm. In Warburton Pike befinden sich die beiden nächsten Köpfe, einer 11 mal 26⅞ und der andere 11 mal 24¾. Der größte Kopf, den ich erlegt habe, ist in Bezug auf Hornlänge und Dicke des Buckels recht bemerkenswert. Indianische Jäger, die ihn sahen, hielten ihn jedenfalls für höchst ungewöhnlich. Er misst 11½ mal 27½; Breite der Spalte 1 ⅓ Zoll; Dicke des Buckels an der Spalte 3 ¾ Zoll.

Das Fleisch des Moschusochsen ist äußerst zäh und geschmacklich keineswegs angenehm, insbesondere in der Brunftzeit (August und September), wenn es praktisch ungenießbar ist. Es gibt einen gewissen moschusartigen Geruch, der jedoch nicht so ausgeprägt ist, wie allgemein angenommen wird. Tatsächlich entsteht der einzige ausgeprägte Moschusochsengeruch durch das Brechen und Zerkleinern des trockenen Mists. Als Hinweis auf dieses seltsame Geschöpf möchte ich hinzufügen, dass der Kot des Moschusochsen kaum größer ist als der des großen Hasen und in Form und Farbe diesem sehr nahe kommt. Das Fleisch der Kuh ist keineswegs eine Wahl, aber es ist nicht schlecht; Das Fleisch des Kalbes empfand ich als eher geschmacklos. Das ungeborene Kalb gilt als echte Delikatesse, auf die meine Indianer nicht verzichteten, nur weil wir kein Kochfeuer hatten. Sie aßen es roh, so wie sie es aus dem Magen der Mutter genommen hatten. Kühe bringen nie mehr als ein Kalb gleichzeitig zur Welt, das im Juni geboren wird.

Moschusochsenkalb

Dieses Exemplar wurde im März 1901 östlich der Lady Franklin Bay, etwa 30 Meilen landeinwärts, von Indianern gefangen, die von Kapitän HH Bodfish vom Walfangschiff *Beluga ausgeschickt* wurden. Nachdem es in San

Francisco, Chicago und New York ausgestellt worden war, wurde es von dem ehrenwerten William C. Whitney gekauft, der es umgehend der New York Zoological Society schenkte. Es starb innerhalb weniger Monate danach. Es war das erste lebende Mitglied der Moschusochsenfamilie, das jemals in die Vereinigten Staaten gebracht wurde. (Foto mit Genehmigung der New York Zoological Society verwendet.)

Nur zwei Mal wurden Moschusochsen in Nordamerika lebend in Gefangenschaft gebracht. Eines davon war ein achtzehn Monate altes Weibchen, das östlich der Lady Franklin Bay, etwa dreißig Meilen landeinwärts, von einer Gruppe gefangen wurde, die Kapitän HH Bodfish vom Walfänger *Beluga ausgesandt hatte* . Dies wurde auf der Sportsmen's Show in New York ausgestellt und dort vom Hon. erworben. William C. Whitney und wurde im März 1902 der Zoölogical Society of New York vorgestellt. Das andere war ein jüngeres Exemplar, das Leutnant Peary im Nordosten Grönlands gefangen und von ihm im Oktober desselben Jahres herausgebracht und der Zoölogical Society präsentiert hatte. Beide Exemplare starben jedoch innerhalb weniger Monate. Ich glaube, dass bisher etwa ein Dutzend lebende Exemplare in die zivilisierte Welt gebracht wurden. Bis auf zwei oder drei sind jedoch alle bis auf zwei oder drei gestorben. Einer befindet sich in einem zoologischen Garten in Kopenhagen, ein anderer in einem zoologischen Garten in Berlin und ein anderer befindet sich in England, im Besitz des Herzogs von Bedford, aber, wie ich hörte, in London ausgestellt.

MOSCHUS-OX

(OVIBOS MOSCHATUS [5])

Trotz seines Namens hat dieser arktische Wiederkäuer keine annähernde Verwandtschaft mit den Mitgliedern des Ochsenstammes. Die Backenzähne ähneln eher denen der Schafe und Ziegen, die Schnauze ähnelt bis auf einen kleinen Streifen zwischen den Nasenlöchern, der Behaarung und dem Schwanz auf einen bloßen Stumpf reduziert, der zwischen den langen Haaren der Hinterhand verborgen ist. Andererseits ist die Ähnlichkeit mit dem Schaf nicht sehr groß, da die Hörner, die sich bei alten Männern fast in der Mittellinie der Stirn treffen, eine völlig andere Form und Struktur haben und der Schädel ebenfalls sehr deutlich ist. Bei den Männchen sind die Hörner an der Basis stark abgeflacht und erweitert, danach werden sie hinter den Augen plötzlich nach unten gebogen, um sich an den Spitzen nach oben zu krümmen. Bei den Weibchen sind sie viel kleiner, weniger ausgedehnt und an ihrer Basis nicht angenähert. Bei beiden Geschlechtern ist ihre Beschaffenheit grob und faserig und ihre Farbe gelb. Das lange, dunkelbraune Haarkleid, das wie ein Mantel vom Rücken und von den Seiten herabhängt, bietet ausreichenden Schutz vor den Strapazen des arktischen Winters; und die breiten, ausgebreiteten Hufe mit Haaren auf der Unterseite sorgen für sicheren Halt auf Schnee und Eis. Es sind zwei Rassen bekannt – die typische kanadische und die grönländische (*O. moschatus wardi*). Letzteres zeichnet sich durch das Vorhandensein eines gewissen Weißanteils auf der Stirn und die geringere Ausdehnung der Hörner aus. Schulterhöhe etwa 4 Fuß; Das Gewicht eines Stücks betrug in Teilen 579 Pfund (DT Hanbury).

Verbreitung. — Arktisches Amerika, ungefähr nördlich und östlich einer Linie, die von der Mündung des Mackenzie River bis zum Fort Churchill in der Hudson Bay, Grönland und Grinnellland gezogen wird, auf 32° 27' Breite; ungefähre südliche Grenze, 40° N.

MESSUNGEN VON HÖRNERN

LÄNGE DER AUßENKURVE	BREITE DER HANDFLÄCHE	SPITZE ZU SPITZE	LOKALITÄT	EIGENTÜMER
30¼	13¾	30 ¼	?	WW Hart
27¾	10	27 ½	Unfruchtbares Land im Norden Kanadas	David T. Hanbury

—27½	11¾	23	Karges Gelände im Norden Kanadas	Caspar Whitney
27¼	12½	27	Karges Gelände im Norden Kanadas	Graf von Lonsdale
—27¼	10⅝	27½	Karges Gelände im Norden Kanadas	Kaiserliches Museum, Wien
26⅞	11	27	Karges Gelände im Norden Kanadas	Warburton Pike
26¾	12⅜	..	Nordamerika	Britisches Museum (J. Rae)
26¼	13⅛	27⅝	Nordamerika	Britisches Museum
—25⅝	10	25	Nordamerika	Dr. Albert von Stephani
24¾	11	25½	Karges Gelände	Warburton Pike
24¼	7½	19	Karges Gelände	J. Talbot Clifton
24¼	10½	26	Karges Gelände	Hon. Walter Rothschild
24	9¾	23⅛	Nordamerika	Sir Edmund G. Loder, Bart.

—24	..	25	?	Major W. Anstruther Thomson
23¼	6	22 ³⁄₄	?	A. Barclay Walker
—21½	9	27	?	Dublin Museum
— ♀21⅛	4¾	20 ⁵⁄₈	?	Imperial Museum, Wien
♀18⅝	4¼	..	Nordamerika	Britisches Museum (AG Dallas)
♀17	4⅝	9⅞	Nordamerika	Albert von Stephani

MOSCHUSOCHSE (*Ovibos moschatus wardi*)

| 24¾ | 8¼ | 22 ½ | Grönland | Rowland Ward |
| 24½ | 7¼ | 27 | Grönland | Rowland Ward |

Der Bison

VON GEORGE BIRD GRINNELL

DER LETZTE DER HERDE

Der Büffel war das größte und wirtschaftlich bedeutendste Säugetier Nordamerikas. Er war auch eines der zahlreichsten und war in weiten Teilen des Kontinents praktisch die einzige Nahrungsquelle seiner Ureinwohner. In der Erinnerung von Menschen, die heute kaum mittleren Alters sind, durchstreifte er das Land zwischen dem Missouri River und den Rocky Mountains in so großen Mengen, dass man gemeinhin behauptete, seine Zahl könne nicht wesentlich verringert werden, er würde noch lange nach dem Tod seiner Sprecher existieren. Doch innerhalb von dreißig Jahren ist er so vollständig verschwunden, dass die Zahl der heute noch lebenden wilden Büffel wahrscheinlich nicht größer ist als die Herde europäischer Bisons —

allgemein, aber fälschlicherweise, Auerochsen genannt –, die der russische Zar in den Wäldern Litauens so sorgfältig bewahrte.

Die Geschichte der Ausrottung des Büffels wurde vielfach beschrieben, und die Ursache für sein Verschwinden ist nicht weit zu suchen. Er wurde in großer Zahl von den Indianern getötet, die sein Fleisch als Nahrung und seine Haut als Kleidung und als Unterschlupf verwendeten. Unter natürlichen Bedingungen war die Zerstörung, die sie anrichteten, jedoch nie sehr groß und wurde durch die jährliche Zunahme mehr als ausgeglichen. Wölfe, Bären und andere wilde Tiere, die in alten Zeiten in großer Zahl im gesamten Verbreitungsgebiet des Büffels zu finden waren, fraßen viele von ihnen; aber es handelte sich dabei größtenteils um Alte, Verwundete und Verkrüppelte oder um solche, die in den Flüssen ertranken oder in Treibsand und Schlammlöchern feststeckten. All diese Zerstörung durch natürliche Feinde trug kaum dazu bei, die Rasse in gutem Zustand zu halten, indem sie die Kranken und Gebrechlichen ausrottete.

Als jedoch der weiße Mann auf der Bildfläche erschien, ergaben sich neue Bedingungen. Der Büffel hatte ein Gewand, das für den Weißen ebenso nützlich war wie für den Indianer. Schnell entstand ein Handel mit diesen Gewändern, die die Indianer gerne für eine Tasse Zucker, ein paar Ladungen Pulver und Kugel oder ein oder zwei Drinks Alkohol schlachteten und gerbten. Nun hatten die Indianer ein Motiv zum Töten, das sie bisher nicht hatten. Sie töteten mehr Büffel und stellten mehr Gewänder her als zuvor, machten aber dennoch keinen Eindruck auf die umherziehenden Millionen, die unter dem Einfluss der Jahreszeiten hin und her schwankten. Dampfschiffe fuhren zwar mit Ballen voller Gewänder beladen den Missouri River hinunter, aber die riesigen Büffelherden ließen nicht nach. Die frühen weißen Entdecker, Fallensteller oder Händler machten sich nicht selbst die Mühe, Büffelhäute zu sammeln; Es gab wertvollere Pelze im Land, Biber, Otter und Bären, die bessere Preise brachten und – was noch wichtiger war – nicht gegerbt werden mussten, bevor sie marktfähig wurden. Denn eine ungegerbte Büffelhaut wurde nie verschifft; Erst nachdem eine Inderin tagelang geduldig daran gearbeitet hatte, brachte es am Handelsposten die erbärmliche Belohnung, die der weiße Mann gab.

Schließlich jedoch – und das war vor weniger als vierzig Jahren – begann eine Eisenbahn, sich ihren Weg in die weiten Ebenen zwischen dem Missouri River und den Rocky Mountains zu bahnen und sich in die Gegend vorzudringen, in der die Büffel grasten. Über die glänzenden Schienen dieser Eisenbahnlinie fuhren Züge mit Passagieren, und unter ihnen waren viele gewinnhungrige Weiße. Diese erkannten sofort die Möglichkeiten, die die Büffel boten. Zuerst töteten sie sie wegen ihres Fleisches, aber bald wurden auch die Häute verschifft. Und andere Männer, die erfuhren, dass die

Büffelhäute 2 Dollar pro Stück einbrachten und dass man Büffel für die Mühe des Abschusses bekommen konnte, drängten sich auf dem Gelände.

Dann begann im Platte Valley in Nebraska ein Blutbad, das seinesgleichen sucht. Das Land war voller Büffeljäger. Jeder Jäger hatte seine Trupps und seine Häutebanden, die ihm von Ort zu Ort folgten und sich um die Häute der Tiere kümmerten, die er tötete. An manchen Orten war der Platte River das einzige zugängliche Wasser, und hierher kamen die Büffel zum Trinken. Auch hier schossen die Jäger, versteckt in Schluchten oder in von ihnen gegrabenen Gewehrgruben, die Tiere, eines nach dem anderen, ab, als sie ans Wasser kamen, und bildeten tatsächlich eine so vollständige Absperrung entlang der Flussufer, dass die Büffel konnten nicht durchkommen und kehrten in die Hügel zurück. Als die durstigen Herden nachts im Schutz der Dunkelheit versuchten, sich dem Fluss zu nähern, stellten sie fest, dass die Jäger am Grund große Feuer gelegt hatten, die sie die ganze Nacht hindurch brennen ließen und an denen die verängstigten Büffel nicht vorbeizugehen wagten.

Es dauerte nur wenig Zeit, die Herde zu teilen, die jahrhundertelang im Wechsel der Jahreszeiten durch das Tal nach Norden und Süden gezogen war. Es war ungefähr 1870, als diese Arbeiten begannen, und 1874 wurden die Büffel zum letzten Mal im Platte-Tal gesehen. Die Herde war aufgeteilt worden.

Als andere Eisenbahnlinien im Süden in das Büffelland vordrangen, spielten sich die gleichen Szenen ab. Im Büffelland wimmelte es von Jägern, die in immer größerer Zahl eintrafen, so dass keiner von ihnen mit seiner Schlachterarbeit Geld verdiente. Der Preis für Häute sank, aber die Büffel wurden weiterhin geschlachtet. Hunderttausende Häute wurden auf den Markt gebracht, aber das war nur ein kleiner Teil der getöteten Büffel. Colonel Dodge hat die Überzeugung zum Ausdruck gebracht, dass von den getöteten Büffeln nur ein Viertel oder ein Fünftel einen Markt erreichten. Es ist denkbar, dass der Anteil sogar noch geringer war. Eine sehr große Zahl der Jäger wusste nichts über die Jagd, das Schießen, das Häuten eines Büffels oder die Pflege seines Fells. Die Zahl der verstümmelten und verkrüppelten Tiere, die starben, war sehr groß. Die Zahl der beim Häuten zerstörten Häute war groß, und die Zahl der unsachgemäß behandelten Häute war noch größer.

Gegen Ende des Jahres 1874 wurde der Büffelbestand südlich des Platte River sehr selten, und 1876 war er fast verschwunden. Danach wurden im südlichen Land keine mehr gefunden, mit Ausnahme einiger weniger im südlichen Teil des Indianerterritoriums und im wasserlosen Land des Pan-Henkels von Texas. Dort, geschützt durch die Dürre, und so wenige, dass sie für den Felljäger kaum eine Anziehungskraft darstellten, blieben einige einige Jahre lang, bis sie schließlich von Buffalo Jones auf seinen Expeditionen nach Kälbern zur Domestikation gefangen oder getötet wurden.

Im Norden blieben die Büffel länger. Die Northern Pacific Railroad, die 1873 bis nach Bismarck am Missouri River gebaut wurde, blieb dort sechs oder sieben Jahre lang stehen. Erst nachdem sie weit über den Missouri hinaus weitergeführt worden war, gelangte sie wieder in die Büffelgebiete und brachte, wie unvermeidlich, den Büffelhäuter mit. Als er kam, führte er die Arbeit aus, die er im Süden getan hatte, und tat dies ebenso effektiv. Da jedoch nur noch wenige Büffel in der nördlichen Herde übrig waren, dauerte es nur zwei oder drei Jahre, sie auszurotten.

Nach 1883 gab es im Norden des Landes, abgesehen von einer Gruppe von etwa fünftausend, die in einem der Sioux-Reservate übersehen worden war, keine Büffel mehr, außer ein paar verstreuten Exemplaren, die an abgelegenen Orten versteckt waren und von Jägern und Indianern übersehen worden waren und so ein oder zwei Jahre lang vor der Schlachtung bewahrt blieben. In der trockenen Region um die Quellen des Dry Fork und des Porcupine Creek in Montana war eine dieser kleinen Gruppen übrig geblieben, die Expeditionen des Nationalmuseums und des American Museum of Natural History eine Reihe von Exemplaren lieferte, wahrscheinlich die letzten dieser Art, die jemals für wissenschaftliche Zwecke gesammelt wurden. Sie wurden gerade noch rechtzeitig zusammengebracht, denn seitdem hat es keine Büffel mehr gegeben.

Eine kleine Herde sogenannter Waldbisons lebt immer noch in der riesigen Wildnis zwischen Athabasca Lake und Lesser Slave Lake, aber ihre Zahl ist gering. Im Jahr 1900 gab es in den Vereinigten Staaten zwei kleine Gruppen wilder Büffel, von denen vielleicht keine mehr als fünfzehn oder zwanzig Stück zählte. Im Sommer 1901 wurde eine dieser Gruppen, die sich lange Zeit in Lost Park, Colorado, aufgehalten hatte, von Wilderern ausgerottet, während einige Jahre lang nichts von der anderen kleinen Gruppe gehört wurde, die in Montana lebte und 1895 Die Zahl betrug vierzig oder fünfzig Stück, von denen nicht weniger als zweiunddreißig ein oder zwei Jahre später von Red-River-Mischlingen getötet wurden, die eine besondere Reise in ihr Verbreitungsgebiet unternahmen. Gegenwärtig ist die einzige bedeutende Büffelgruppe in den Vereinigten Staaten die, die innerhalb der Grenzen des Nationalparks lebt, und es ist durchaus wahrscheinlich, dass diese nicht mehr als 25 oder 30 zählt.

Zweifellos hatte der außerordentliche Überfluss an Büffeln etwas mit der Verschwendung zu tun, die durch den Bau der Eisenbahn in das Büffelgebiet verursacht wurde. Viele Menschen glaubten zweifellos wirklich, dass die

Büffel zu ihrer Zeit nicht ausgerottet werden konnten. Sie schienen zu meinen, dass es, da es schon immer „Millionen von Büffeln" gegeben hatte, auch immer so weitergehen würde. Die Menschen töteten Büffel aus jedem albernen, kindischen Grund, der ihnen in den Sinn kam – um ihre Gewehre auszuprobieren, um zu sehen, ob sie sie treffen konnten, zum Spaß!

Wie mutwillig sogar einige der ersten Händler sie zerstörten, wird oft in den wenigen Schriften gezeigt, die uns aus jenen frühen Tagen überliefert sind. Henry berichtet in seinem Tagebuch vom August 1800, wie er und einige seiner Männer sich die Zeit vertrieben, während sie darauf warteten, dass andere seiner Leute heraufkamen. Er sagt: „Wir amüsierten uns, indem wir dicht unter dem Ufer auf die Büffel lauerten, die zum Trinken kamen. Wenn die armen Tiere bis auf etwa zehn Meter an uns herankamen, feuerten wir plötzlich eine Salve von 25 Gewehren auf sie ab und töteten oder verwundeten viele. Wir nahmen nur die Zungen mit. Die Indianer schlugen vor, dass wir alle zusammen auf einen einzelnen Bullen schießen sollten, der auftauchte, um die Genugtuung zu haben, ihn, wie sie sagten, steintot zu töten. Das Tier rückte vor, bis es noch sechs oder acht Schritte entfernt war, dann ertönte der Schrei und alle Hände flogen los; aber anstatt zu fallen, galoppierte es davon und wurde erst nach mehreren weiteren Schüssen zu Boden gebracht. Die Indianer hatten großen Spaß an diesem Sport – die Munition kostete sie allerdings nichts."

Es gab viele Missverständnisse über die frühere Verbreitung des Büffels auf dem nordamerikanischen Kontinent und über die Ausdehnung des Territoriums, in dem er gefunden wurde. Viele angesehene Behörden haben erklärt, dass es im Osten Kanadas und allgemein entlang des Atlantikhangs aufgetreten sei; in Teilen von Neuengland, den Mittelstaaten und im Süden sogar bis nach Florida. Im Allgemeinen wurde gesagt, dass der Büffel auf dem gesamten nordamerikanischen Kontinent vorkam, von Florida bis zum 50. Grad nördlicher Breite.

Diese losen Aussagen wurden von Dr. JA Allen in seiner wichtigsten Monographie über die amerikanischen Bisons korrigiert, und es ist heute allgemein bekannt, dass das Verbreitungsgebiet des Büffels nur etwa ein Drittel des Kontinents umfasste; dass es zwar am Atlantikhang gefunden wurde, dies jedoch nur im südöstlichen Teil seines Verbreitungsgebiets; während es in Kanada, Neuengland und Florida wahrscheinlich unbekannt war.

Der Irrtum, dem die frühen Autoren zu diesem Thema unterzogen wurden, rührte zweifellos von der Ausdrucksweise der früheren Forscher her, die ständig von *Vaches* oder *Vaches Sauvages* und seltener von Buffu oder Buffle sprachen. Aber der Begriff „*Wildkühe*", der von den frühen französischen Jesuiten und englischen Forschern verwendet wurde, bezog sich auf den

Wapiti (*Cervus canadensis*), während die Wörter *Buffu* oder *Buffle zur Bezeichnung von Elchen (Alces)* verwendet wurden . In einigen Reiseberichten der Jesuiten finden sich auf fast jeder Seite Hinweise auf die Herden der *Vaches Sauvages* , und viele dieser Autoren beschreiben diese Wildkühe irgendwann einmal in so unmissverständlicher Sprache, dass zweifelsfrei klar ist, dass es sich um Elche oder Wapitis handelte.

Dr. Allen ordnet die Alleghany Mountains als die allgemeine östliche Grenze des Verbreitungsgebiets des Büffels zu, erklärt jedoch, dass er häufig über dieses Verbreitungsgebiet hinausging, und zeigt schlüssig, dass er in den westlichen Teilen von New York, Pennsylvania, Virginia, im Norden und Süden vorkam Carolina und Georgia. Herr Hornaday führt einige Beweise dafür an, dass es im District of Columbia vorkam, und zitiert Francis Moore in seiner „Reise nach Georgia", um zu beweisen, dass zumindest dort Büffel in der Nähe des Salzwassers gefunden wurden.

Während Dr. Allen den Tennessee River als südliche Grenze des Verbreitungsgebiets der Büffel angibt, westlich der Alleghanies und östlich des Mississippi River, zitiert Mr. Hornaday eine Reihe von Quellen, die zeigen, dass die Büffel in einer gewissen Anzahl im heutigen Bundesstaat Mississippi vorkamen, und gibt eine von Clayborne erzählte Überlieferung der Choctaw bezüglich des Verschwindens der Art aus diesem Gebiet an. Diese Überlieferung besagt, dass es dort zu Beginn des 18. Jahrhunderts eine große Dürre gab, durch die das ganze Land ausgetrocknet wurde. Drei Jahre lang fiel kein Tropfen Regen. Große Flüsse trockneten aus und alle Bäume im Wald starben ab. Bis zu dieser Zeit, so heißt es, gab es dort zahlreiche Elche und Büffel, aber während dieser Dürre überquerten diese Tiere den Mississippi River und kehrten nie zurück.

Im östlichen Teil seines Verbreitungsgebiets bildeten die Großen Seen im Norden eine Barriere, die die Büffel nicht überquerten; vom westlichen New York aus nach Westen fand man sie jedoch in großer Zahl an den südlichen Ufern dieser Seen und im Gebiet der heutigen Bundesstaaten Ohio, Indiana, Illinois, Michigan und Wisconsin. Audubon berichtet, dass es in den ersten Jahren des 19. Jahrhunderts in Kentucky Büffel gab, erklärt jedoch, dass sie um 1810 oder kurz danach alle verschwunden waren. Dieses Verschwinden war hauptsächlich auf ihre tatsächliche Vernichtung durch Weiße und Indianer zurückzuführen und nicht, wie allgemein behauptet wird, auf den Rückzug der großen Herden vor dem Voranschreiten der Besiedlung und Zivilisation. Es scheint, dass die letzten Büffel um das Jahr 1820 östlich des Mississippi getötet wurden, obwohl es sein kann, dass sie in Wisconsin und Minnesota etwas länger überlebten.

Westlich der Großen Seen und scharf nach Norden wendend, so dass sie fast nach Nordwesten verlief, war die Ostgrenze des Büffelgebiets westlich des

Mississippi eine Linie, die ganz in der Nähe des westlichen Endes des Lake Superior verlief und durch den Lake of the Woods nach Westen führte des Lake Winnipeg und von dort nach Norden bis zum Großen Sklavensee und darüber hinaus. Dort bog diese Grenzlinie nach Westen und dann scharf nach Süden ab und traf auf die Rocky Mountains unweit der Stelle, an der der Peace River sie verlässt, und folgte der Bergkette nach Süden, etwa bis zum 49. Breitengrad; und dann bog sie nach Südwesten ab und umfasste Idaho, einen Teil des östlichen Oregon, die nordöstliche Ecke von Nevada, den größten Teil von Utah und den größten Teil von New Mexico. Die Linie verlief nach Süden bis weit nach Mexiko hinein und bog knapp nördlich des 25. Breitengrades nach Osten ab Breitengrad und verlief nach Norden bis zur Küste, der er wieder bis zur Mündung des Mississippi folgte.

Wie man heute weiß, war der Büffel im südlichen Teil seines Verbreitungsgebiets ein transmissourisches Tier. Nördlich des Breitenkreises von 45 Grad wurde es in gleicher Anzahl auf beiden Seiten des Missouri River gefunden und reichte in seiner nördlichen Ausdehnung, und möglicherweise sogar noch heute, nach Norden bis zum Großen Sklavensee; denn, wie bereits erwähnt, ist die einzige nennenswerte Gruppe wilder Büffel heute der Waldbison des Nordens, dessen Zahl auf vierhundert bis fünfhundert geschätzt wird.

Abgesehen von den so dargelegten Grenzen ist es wahrscheinlich, dass sich das Verbreitungsgebiet des Büffels in der Frühzeit erheblich nach Norden und Westen erstreckte, bis hin zu Teilen des heutigen Alaska. Es ist sicher, dass in diesem Gebiet Büffelreste in großer Zahl gefunden wurden. Einige dieser Schädel gehören längst ausgestorbenen Arten an und sind viel größer als der amerikanische Bison; aber andererseits gibt es viele, die dieser Art sehr ähnlich sind.

Das Verbreitungsgebiet des Büffels westlich der Rocky Mountains begann nicht lange nach der Verengung seines Verbreitungsgebiets im Osten zu schrumpfen. Die früheren Entdecker im Westen, von Pike abwärts, berichten von Büffeln in Hülle und Fülle. Doch wie bereits erwähnt, liegt der westlichste Punkt, an dem ihre Überreste gefunden wurden, in den Ausläufern der Ostseite der Blue Mountains von Oregon. Berichten zufolge gab es im Jahr 1836 im Salt Lake Valley Büffel in Hülle und Fülle, doch bald darauf wurden fast alle durch tiefen Schnee vernichtet, der den Boden für lange Zeit bedeckte. Dies deckt sich gut mit den Aussagen von John Robinson, früher besser bekannt als Onkel Jack Robinson, einem der alten Fallensteller, der zwischen 1870 und 1880 starb Green River und die Laramie Plains waren alle vor fast vierzig Jahren verendet, während eines Winters, in dem sehr hoher Schnee fiel, gefolgt von Tauwetter und anschließender Kälte, die den Schnee verkrustete, so dass die Büffel nicht hindurchkommen konnten und verhungerten . Diese Aussage wurde durch die geringe Anzahl von Überresten bestätigt, von denen die meisten sehr alt und verwittert waren und die wir damals in dieser Region fanden. Andererseits wurden an den oberen Nebenflüssen des Green River erst viel später Büffel gefunden, und es ist möglich, dass es sich dabei um Tiere handelte, die in engen Tälern der Berge überwinterten, wo während des tiefen Schnees Nahrung zugänglich war. Fremont gibt an, dass es im Frühjahr 1824 bis nach Fort Hall im Westen reichlich Büffel gab, während Bonneville im Bear River Valley über außerordentliche Mengen Büffel berichtete.

Die bloße Tatsache, dass Büffel von einem Entdecker, der ein bestimmtes Gebiet durchquerte, nicht gesehen wurden, bedeutet nicht unbedingt, dass sie in diesem Land nicht heimisch waren. Ich bin monatelang durch ein Büffelgebiet gereist, ohne Büffel oder Hinweise auf ihre jüngste Anwesenheit zu sehen, doch die gefundenen Anzeichen zeigten eindeutig, dass sie kurz zuvor in großer Zahl dort gewesen waren. Es wäre durchaus möglich gewesen, dass zwei ehrliche Berichte, die im Abstand von einigen Monaten oder Jahren von Forschern erstellt wurden, die keine Präriemenschen waren, völlig im Widerspruch zueinander standen.

Obwohl der Büffel vor langer Zeit aus dem Land westlich des Green River und sogar aus den Laramie Plains verschwand, blieb er viel später an den Nebenflüssen des Platte River weiter nördlich. Zwischen 1870 und 1880 gab es Büffel am Sweetwater und seinen Nebenflüssen sowie zwischen 1880 und 1890 an bestimmten anderen Nebenflüssen des North Platte River. Ungefähr zur gleichen Zeit gab es eine kleine Gruppe, die sich im sogenannten Red Desert Country südlich von erstreckte was ist jetzt der Nationalpark. Aber die letzten davon verschwanden um 1890.

Die Farbe des Büffels ist allgemein bekannt und besteht aus einem dunklen Leberbraun am größten Teil des Körpers, das an den langen Haaren der Vorderbeine, der Schnauze und des Bartes in Schwarz übergeht. Das lange Haar auf dem Höcker ist gelblich, vom Sonnenbrand verblasst und hat oft die Farbe des Haars eines „blonden Kindes". Der Bergbison, der größtenteils im Wald lebt und kaum oder gar nicht der Sonne ausgesetzt ist, ist viel dunkler, manchmal fast schwarz.

Sehr selten sah man Büffel mit ungewöhnlicher Farbe. Diese waren manchmal rotbraun, manchmal grau oder weiß gefleckt oder sogar ganz weiß. Ein Fell, das um 1879 am oberen Missouri gefangen wurde, war an Kopf, Beinen und Bauch weiß und hatte sonst eine normale Farbe. Als das Tier gehäutet und das Fell gegerbt wurde, entstand ein schönes Fell in der üblichen Farbe, das mit einem breiten weißen Streifen eingefasst war. Wenn ich mich recht erinnere, wurde dieses Fell am Fluss für 500 Dollar an einen Engländer verkauft.

Büffel mit ungewöhnlicher Farbe, die so selten zu sehen waren, wurden von den Indianern mit großer Ehrfurcht betrachtet. Bei den Prärie-Stämmen war der Büffel, von dem sie für Nahrung, Obdach und Kleidung abhängig waren, heilig. Sein Schädel wurde normalerweise auf den Boden in der Nähe der Schwitzhütte gelegt, es wurden Gebete gesprochen und ihm die Pfeife geopfert, als Bitte an den Büffel, bei ihnen zu bleiben, zahlreich zu sein und sogar auf glattem Boden zu laufen, damit ihre Pferde während der Jagd nicht stürzen. Wenn Büffel im Allgemeinen heilig waren, wie viel mehr sollte dann der weiße Büffel verehrt werden. Die Pawnees schätzten ihre Felle als heilige Gegenstände und bewahrten sie in ihren Medizinbündeln auf oder wickelten sie um diese Bündel. Die Blackfeet betrachteten weiße Büffel als besonders der Sonne geweiht und hängten das weiße Gewand als Votivgabe an diese Gottheit auf. In ähnlicher Weise opferten die Cheyenne in alten Zeiten der Sonne die Haut eines weißen Büffels, obwohl sie später, nachdem sich ihre Gewohnheiten durch den Kontakt mit den Weißen spürbar verändert hatten, solche Gewänder manchmal verkauften.

Mein Freund George Bent – Sohn von Col. William Bent, einer der historischen Persönlichkeiten des frühen Westens – erzählt mir, dass er während seiner langen Handelsbeziehungen mit den Cheyenne und Arapaho nur fünf Gewänder gesehen hat, die man durchaus als weiß bezeichnen könnte. Eines davon war silbergrau, ein anderes weiß, ein drittes cremefarben, das vierte apfelgrau und das fünfte gelblich-rehbraun. Er erzählt mir, dass die Cheyenne in alten Zeiten den weißen Büffel als heilig betrachteten und dass, wenn einer von ihnen einen weißen Büffel tötete, er ihn dort liegen ließ, wo er gefallen war, nichts davon nahm und nicht einmal ein Messer hineinstach. Die Cheyenne glauben, dass jeder weiße Büffel weit in den Norden gehört und aus der Region stammt, wo der Büffel ihrer Überlieferung zufolge ursprünglich aus dem Boden wuchs.

Vor vielen Jahren zog eine Kriegsgruppe der Cheyenne nach Norden, um gegen die Crows zu kämpfen. Eines Tages kamen sie zu einem Hügel, und als sie hinüberblickten, sahen sie vor sich große Herden liegender Büffel, und unter ihnen eine schneeweiße Kuh. Als die Büffel aufstanden, um zu Wasser zu gehen, stand auch die weiße Kuh auf und ging mit ihnen, und es fiel auf, dass keiner der anderen Büffel ihr sehr nahe kam. Sie schienen sie nicht zu fürchten, aber sie drängten sich auch nicht dicht um sie herum; sie gaben ihr viel Platz, als ob sie sie respektierten. Dies brachte die Cheyenne zu der Annahme, dass der weiße Büffel ein Anführer unter den anderen Büffeln war.

Die Frauen der Cheyennes kleideten kein weißes Büffelfell. Wenn sich Gelegenheit zu einer solchen Arbeit ergab, wurde sie gewöhnlich von einer gefangenen Frau erledigt; zum Beispiel ein Kiowa oder ein Pawnee – jemand, der nicht an Cheyenne-Bräuche und Cheyenne-Ängste gebunden war. Selten durchlief eine Cheyenne-Frau eine bestimmte Zeremonie, bei der ein Medizinmann für sie betete und sie auf besondere Weise bemalte; Durch diese Zeremonie wurde das Tabu entfernt, und sie konnte dann das weiße Gewand anziehen.

Die Gewohnheiten der Büffel ähnelten in den meisten Punkten denen der Hausrinder. Sie grasten in lockeren Herden wie Rinder, wobei die Mitglieder einer Familie – das heißt, die alte Kuh und ihre Nachkommen, die manchmal bis zu drei oder vier Jahre alt sind – zusammen blieben; die alten Bullen, die träger, schwerer und weniger aktiv als die Kühe und die jüngeren Tiere waren, hielten sich normalerweise am Rand der Herde auf, und wenn diese sich langsam in irgendeine Richtung bewegte, waren sie wahrscheinlich dahinter. Es wurde viel über die Intelligenz der Büffel geschrieben und über die Art und Weise, wie die Bullen Wache über die Herde standen und ständig auf der Hut vor Gefahren waren. Es gibt und gab nie eine Grundlage für diese Geschichten, die bloße Erfindungen der Fantasie des Autors waren. Tatsächlich waren die Kühe viel aufmerksamer und wachsamer als die Bullen, sie bemerkten die Gefahr immer zuerst und wichen ihr aus, während die Bullen träge und langsam waren und oft erst losrannten, wenn die Herde in voller Flucht war. Darüber hinaus waren die Kühe und jüngeren Tiere der Herde viel schneller als die Bullen und drängten sich daher ständig an die Spitze, während die Bullen das Schlusslicht bildeten. Die Veranlagung der Männchen hatte nichts mit dem Wunsch zu tun, die Herde zu beschützen, sondern resultierte aus der Tatsache, dass sie langsamer waren als die anderen. Die früheren Autoren, die über die Gewohnheiten dieser und anderer Tiere schrieben, schrieben ihnen menschliche Motive und Bestrebungen zu, die sie natürlich nicht besitzen. Eine etwas ähnliche Art, über Tiere zu schreiben, ist heute üblich, aber sie ist falsch und unnatürlich und wird vorübergehen.

Die Häute der Büffel sind zu Beginn des Winters in ihrem besten Zustand, und es war Brauch der Indianer, ihre Gewänder zu dieser Jahreszeit einzusammeln, nämlich zwischen November und Januar. Bald nach Januar beginnen die Haare jedoch zu lockern und fallen im Frühling und Frühsommer aus, obwohl oft bis zum Spätsommer oder Frühherbst große Flecken am Körper haften bleiben. Ich habe im Juli Büffel gesehen, die immer noch in etwas gekleidet waren, das wie ein lockeres Gewand aussah, wobei die alten Haare zu einer fast vollständigen Matte zusammenhingen und den Körper bedeckten. Normalerweise werden die losen Haare jedoch bis zum Frühsommer durch Reiben an Bäumen, Felsen und Erdbänken sowie durch Rollen in der Prärie entfernt. Bei sehr alten Tieren erfolgt die Mauser später und weniger leicht als bei Tieren in gutem Zustand, und manchmal scheinen alte und magere Büffel ihr Fell nicht vollständig abzuwerfen.

Die Brunftzeit beginnt im Juli und dauert etwa zwei Monate. Während dieser Zeit finden häufig Kämpfe zwischen den Bullen statt, die aufgrund der Größe und Aktivität der Kämpfer erbittert erscheinen, aber normalerweise ohne bedeutende Ergebnisse bleiben. Diese Kämpfe ähneln sehr ähnlichen Wettkämpfen zwischen Hausbullen; sie scharren mit den Hufen, knien nieder und rammen ihre Hörner in die Erde, murmeln und brüllen und grunzen; aber obwohl sie wütend aufeinander losgehen und mit einem gewaltigen Schock aufeinandertreffen, endet der Kampf normalerweise mit nichts Wichtigerem, als dass der schwächere Bulle für eine Weile vertrieben wird. Durch ihre große Aktivität zu dieser Jahreszeit verlieren die Bullen schnell an Fleisch; aber nachdem die Brunft vorbei ist, gewinnen sie es zurück, sodass sie zu Beginn des kalten Wetters wie die Kühe fett und in guter Verfassung sind.

Die Büffelkuh bringt normalerweise ein einziges Kalb zur Welt, das in den Monaten März, April, Mai oder Juni geboren werden kann. Die übliche Geburtszeit der Kälber ist im April und Mai. Kurz zuvor trennt sich die Mutter von der Herde, schließt sich dieser jedoch kurz nach der Geburt des Kalbes wieder an. Wie viele andere Wiederkäuer versteckt die Mutter ihr Kalb, wenn es klein und schwach ist, entfernt sich aber nicht weit davon. Nachdem es etwas an Kraft gewonnen hat, gesellt es sich zu anderen Kälbern, und diese halten sich normalerweise ein wenig von der Hauptherde entfernt zusammen, wobei ihre Mütter von Zeit zu Zeit zu ihnen kommen, damit sie es säugen können.

Bei der Erstgeburt haben die Kälber eine rötlich-gelbe Farbe, keinen auffälligen Höcker und ähneln gewöhnlichen Hauskälbern sehr, außer dass der Schwanz möglicherweise etwas kürzer ist. Es dauert jedoch nicht lange, bis ihre Farbe dunkler wird, und ich habe im August Kälber gesehen, die aus einiger Entfernung fast so dunkel wirkten wie die erwachsenen Büffel.

Die Kuh widmet sich ihrem Kalb und ist bereit, dafür gegen jeden Feind außer dem Menschen zu kämpfen. Normalerweise schenkte die Kuh bei der Büffeljagd völlig verängstigt dem Kalb keine Beachtung. Andererseits sind aber auch Fälle vorgekommen, in denen Männer Kälber gefangen haben, um sie in Gefangenschaft aufzuziehen, wobei die Kuh sich weigerte, ihren Nachwuchs im Stich zu lassen, sich aber gegen den Entführer des Kalbes wandte und ihn mit größter Kühnheit anklagte.

Colonel Dodge nennt einen Fall, in dem sich mehrere Bullen dem Schutz eines Kalbes vor Wölfen widmeten. Er sagt: „Ich habe viele Male Beweise dafür gesehen, aber der bemerkenswerteste Fall, von dem ich je gehört habe, wurde mir von einem Armeechirurgen erzählt, der Augenzeuge war. Eines Abends kehrte er nach einer eintägigen Jagd ins Lager zurück, als seine Aufmerksamkeit durch die seltsamen Handlungen einer kleinen Gruppe von sechs oder acht Büffeln erregt wurde. Als er nahe genug herankam, um deutlich sehen zu können, entdeckte er, dass es sich bei dieser kleinen Gruppe ausschließlich um Stiere handelte, die in einem engen Kreis mit dem Kopf nach unten standen, während sie in einem konzentrischen Kreis, etwa zwölf oder fünfzehn Schritte entfernt, saßen und sich in ungeduldiger Erwartung die Koteletts leckten. mindestens ein Dutzend große graue Wölfe – außer dem Menschen, dem gefährlichsten Feind des Büffels. Der Arzt beschloss, sich die Aufführung anzusehen. Nach ein paar Augenblicken löste sich der Knoten auf, blieb immer noch in einer kompakten Masse, und trottete zur Hauptherde, die etwa eine halbe Meile entfernt lag. Zu seinem größten Erstaunen sah der Arzt nun, dass die zentrale und kontrollierende Figur dieser Masse ein armes kleines Kalb war, das so neu geboren war, dass es kaum laufen konnte. Nachdem das Kalb fünfzig oder hundert Meter zurückgelegt hatte, legte es sich hin; Die Stiere stellten sich wie zuvor im Kreis auf, und die Wölfe, die auf beiden Seiten ihres sich zurückziehenden Abendessens entlang getrottet waren, setzten sich und leckten sich erneut die Koteletts. Dies wurde immer wieder wiederholt, und obwohl der Arzt das Ende nicht sah (es war spät und das Lager weit entfernt), hatte er keinen Zweifel daran, dass die edlen Väter ihre ganze Pflicht gegenüber ihren Nachkommen erfüllten und sie sicher zur Herde trugen. ”

Wir können uns vorstellen, dass dies ein ungewöhnliches Ereignis war. Gleichzeitig ist es wahr, dass eine Büffelgruppe, wenn einer von ihnen in der Nähe von Wölfen angegriffen oder bedroht wird, sich alle zur gemeinsamen Verteidigung zusammenschließen und einander beistehen. Aber dass die Bullen es sich zur Aufgabe machen, Kälber zu verteidigen oder systematisch etwas außer ihrer eigenen Haut zu schützen, glaube ich nicht.

Nur wenige Menschen, die Büffel nur in Gefangenschaft gesehen haben, oder sogar nur wenige, die sie auf den Ebenen gejagt haben, haben eine Vorstellung von der Wendigkeit dieses plumpen, schweren Tieres oder von seiner Fähigkeit, erhöhte Punkte zu erreichen, die so schwer zugänglich sind, dass ein Pferd sie nur mit Mühe erklimmen kann. In alten Zeiten konnte man Büffel fast senkrechte Steilhänge hinaufsteigen sehen, oder sie stürzten sich Berghänge hinunter, die so steil und rau waren, dass ein Reiter es nicht wagen würde, ihnen zu folgen. Wie viele andere Tiere, wilde und zahme, suchten sie gerne erhöhte Punkte auf, von denen man eine weite Aussicht hatte, und ich habe ihre Spuren und andere Spuren an hoch oben in den Bergen gefunden, wo man nur Schafe oder Ziegen erwartet hätte. Der sogenannte Bergbison – der von vielen Jägern als eine von den Ebenenbüffeln völlig verschiedene

Art angesehen wird – hielt sich im Sommer besonders häufig auf den Gipfeln auf; zweifellos zum Teil, um den Angriffen der Fliegen zu entgehen, aber auch zum Teil – wie ich glaube – aus purer Liebe zum Klettern.

Wie die meisten anderen pflanzenfressenden Tiere geriet der Büffel in Panik und ließ sich leicht stampfen, und wenn er große Angst hatte, rannte eine Herde eine weite Strecke, bevor sie stehen blieb. Wenn sie alarmiert wurden, drängten sie sich so eng wie möglich zusammen und rannten in einer dichten Masse. Dies hatte zur Folge, dass nur die Tiere am Rande der Herde sehen konnten, wohin sie gingen; diejenigen in der Mitte folgten blind ihren Führern und waren von ihnen abhängig. Gerade diese Tatsache stellte eine Gefahrenquelle dar, denn die Anführer, die von ihren Nachfolgern bedrängt wurden, konnten, selbst wenn sie die Gefahr vor sich sahen, nicht aufhören und konnten oft nicht einmal umkehren, sondern wurden ständig einer Gefahr ausgesetzt die sie gerne vermieden hätten. Dies ist die völlig einfache Erklärung eines Merkmals, über das sich Autoren dieser Art oft wundern; das heißt, ihre Angewohnheit, Hals über Kopf in Gefahr zu rennen – sich über abgeschnittene Ufer in die von den Indianern für sie vorbereiteten Pferche zu stürzen oder in Treibsand oder Orte zu stürzen, wo sie feststeckten, oder in tiefes Wasser, was man gut hätte vermeiden können, oder selbst gegen Hindernisse wie einen Autozug oder ein Dampfschiff im Fluss. Die einfache Tatsache ist, dass die Tiere, die die Gefahr sahen, aufgrund des Drucks von hinten nicht in der Lage waren, ihr auszuweichen, und dass diejenigen, die die Anführer drängten, sich der Gefahr, auf die sie zustürmten, nicht bewusst waren.

Ich habe bereits auf die weitverbreitete, aber irrige Annahme hingewiesen, dass die Büffel im Frühjahr und Herbst ausgedehnte Wanderungen unternahmen. Dies ist jedoch nicht wahr. Es gab zweifellos gewisse saisonale Wanderungen nach Osten und Westen und nach Norden und Süden, doch diese Wanderungen waren nie sehr ausgedehnt und stellten nichts weiter dar als die sehr allgemeinen Wanderungen, die viele Wiederkäuer zwischen einem Sommer- und einem Wintergebiet unternehmen. Im gesamten Land zwischen Saskatchewan und dem Missouri River zogen die Büffel im Sommer bis nahe an die Berge und sogar in die Vorgebirge; und wenn der Winter mit seinem Schnee und seinen bitterkalten Winden kam, zogen sie wieder nach Osten und suchten tiefer gelegenes Gelände und Schutz, wie ihn die Schluchten und Tafelberge und bewaldeten Flusstäler der Prärie bieten konnten.

Andererseits wanderten Büffel auf ihrem Weg zum Wasser normalerweise zu den nächstgelegenen Bächen, und da die Bäche in den Ebenen normalerweise von West nach Ost verlaufen und die Büffel im Gänsemarsch unterwegs waren, verliefen ihre Spuren im rechten Winkel zum Fluss Flusslauf oder Norden und Süden. Es ist durchaus möglich, dass die Richtung dieser stark ausgetretenen Pfade, auf denen eine große Anzahl von Tieren vorbeizog, den weit verbreiteten Glauben an diese Nord-Süd-Wanderung hervorgerufen hat.

Gleichzeitig waren die Büffelherden zwar mehr oder weniger ständig in Bewegung. Da sie sehr zahlreich waren, war es offensichtlich wichtig, dass sie ständig umherzogen, um frische Weidegründe zu erreichen. Oftmals wurden sie auch von Jägern, ob rot oder weiß, gestört, die die Herden niederstürmten, die dann in dichter Masse davonstürmten und vielleicht erst nach zehn oder einem Dutzend Meilen Halt machten. Darüber hinaus wurde die Prärie häufig verbrannt, so dass ihnen die Nahrung entzogen wurde und sie lange Wege zurücklegen mussten, um neue Weidegründe zu erreichen.

GESCHÜTZT

Es ist nicht sehr viel bekannt und es wurde auch sehr viel weniger über die Tendenz bei Tieren, sowohl wilden als auch domestizierten Tieren, geschrieben, sich auf bestimmte Orte zu beschränken; Dennoch verstehen alle Menschen, die viel im Freien leben, auch wenn sie vielleicht nicht viel darüber nachdenken, wie sehr lokal viele Vögel und Tiere leben. Der Rancher weiß natürlich, dass die Pferde und Rinder, die sich von seinem Weideland ernähren, sich in kleine Gruppen aufteilen, von denen jede einen bestimmten Bereich auswählt, in dem sie ihre ganze Zeit verbringen, und sich selten weit davon entfernt, außer um ans Wasser zu gehen ; oder, bei einem Wechsel der Jahreszeiten, vom Sommer- ins Wintergebiet oder wieder zurück zu wandern. Bei heimischen Tieren ist diese Bindung an den Ort stark ausgeprägt, und es kommt häufig vor, dass Tiere, die in ein Gebiet getrieben wurden, das Hunderte von Kilometern von dem entfernt ist, wo sie sich sonst ernähren, so bald wieder zu ihren alten Lieblingsplätzen zurückkehren wenn sie gelöst werden. Ich habe Fälle kennengelernt, in denen ein Drittel einer großen Gruppe von Pferden, die auf ein vier- oder fünfhundert Meilen entferntes neues Weidegebiet getrieben wurden, ein Jahr später wieder auf ihrem alten Heimatgehege versammelt wurden. Es ist eine allgemeine Erfahrung, dass Pferde, die ihren Besitzern entfliehen und sich in einiger Entfernung vom Revier bewegen, den Hinterweg nehmen und dorthin zurückkehren.

Bei unseren größeren Wildtieren herrscht ein ähnlicher Zustand. Weißwedelhirsche sind stark an bestimmte Orte gebunden und beschränken ihre Wanderungen, wenn sie ungestört sind, auf sehr enge Grenzen. Auch wenn sie große Angst haben und über eine beträchtliche Entfernung vertrieben werden, kehren sie bald zurück. Wenn ein alter Weißwedelbock mit Hunden gejagt wird, kann es sein, dass er eine lange Jagd macht und ein weites Stück Land abdeckt, aber morgen wird er wahrscheinlich in seinem alten Zuhause gefunden. Auf die gleiche Weise zeigen Maultierhirsche, Bergschafe, weiße Ziegen und Antilopen ihre Verbundenheit mit Orten, und wenn sie nicht dauerhaft gestört werden, wandern sie nur wenig umher.

Dasselbe gilt für Standvögel. Kragenhühner halten sich an bestimmte Waldstücke oder Sümpfe, und man kann die Vögel dort die ganze Saison über finden. In ähnlicher Weise siedeln sich Wachteln auf bestimmten kleinen Stücken Boden an, und nachdem man ihre Aufenthaltsorte kennengelernt hat, kann man sie mit unfehlbarer Regelmäßigkeit dorthin bringen.

Während meiner langjährigen Erfahrung mit Großwild sind mir diese Tatsachen oft aufgefallen und ich habe viel gesehen, was die Annahme rechtfertigt, dass der Büffel wie andere Wildtiere eine Bindung zu einem bestimmten Gebiet hat, das er nur aus gutem Grund verlässt oder wenn der Wechsel von Sommer zu Winter oder umgekehrt zu einer Wanderung führt, die man durchaus als saisonal bezeichnen kann. Die Ortsgebundenheit des Büffels und seine natürliche Trägheit werden gut durch eine Erfahrung veranschaulicht, die Major GWH Stouch, USA, pensioniert, ein Veteranensoldat mit mehr als 35 Jahren Erfahrung auf den Prärien, von der er mir vor vielen Jahren erzählte. Ich gebe sie so genau wie möglich in seinen eigenen Worten wieder:

„Im Herbst 1866 wurde ich angewiesen, mit der Kompanie C, Dritte Infanterie, fortzufahren, um das alte Fort Fletcher an der Nordgabelung von Big Creek, sechzehn Meilen unterhalb des heutigen Fort Hays, Kansas, wiederherzustellen. Als wir am 16. Oktober zu dem gewählten Ort marschierten und unser Lager aufschlugen, bemerkte ich eine halbe Meile über uns auf dem Grund des Baches eine beträchtliche Herde Büffel, die sich fraß; es waren vielleicht acht- oder neunhundert. Sobald ich sie sah, kam mir der Gedanke, dass ich sie in Ruhe lassen würde und dass sie uns, solange sie dort blieben, ohne großen Zeit- und Mühenaufwand mit Rindfleisch versorgen könnten. Deshalb befahl ich den Männern, den Bach hinauf nicht zu jagen oder diese Büffel in irgendeiner Weise zu stören, und wies sie an, ihre gesamte Jagd flussabwärts durchzuführen.

„Um meine Idee sofort in die Tat umzusetzen, ernannte ich einen der Soldaten zum Jäger und Schlächter der Kompanie und sagte ihm, er solle den Bach hinaufgehen und einen Büffel töten, sich aber weder vor noch nach dem Abfeuern zeigen erschossen – nur um eine fette Kuh zu töten und dann in Deckung zu bleiben, bis ich mich ihm mit einem Wagen anschloss. Er hat es getan. Beim Knall des Gewehrs, auf das geschossen wurde, lief der Büffel ein paar Schritte und legte sich dann hin, während diejenigen, die ihm am nächsten standen, ein paar Sprünge machten, sich umsahen, niemanden sahen, und dann weiter fraßen. Vom Lager aus beobachteten wir das Ergebnis des Schusses, und sobald der Schuss abgefeuert war, fuhr ich mit einem Wagen los, um das Fleisch hereinzubringen. Als sich der Wagen dem Kadaver näherte, wich der nächste Büffel aus, ohne besondere Angst zu zeigen, und der Wagen kehrte mit seiner Ladung zum Lager zurück. Das wiederholte sich täglich, der Büffel ließ sich weder durch den Schuss noch durch den Wagen erschrecken und schien mit der Zeit immer zahmer zu werden, wobei er sich oft bis auf wenige hundert Meter der Stelle näherte, an der wir gerade die Gebäude errichteten.

„Um den 1. November herum traf die Truppe E des 7. Kavallerieregiments (unter Leutnant Wheelan) ein, um den Posten zu verstärken; und um den 19. November herum traf auch die Kompanie B des 37. Infanterieregiments (unter Leutnant Phelps) ein. Ich erklärte diesen Offizieren meinen Operationsplan und bat sie, Jäger aus ihren Kompanien abzustellen und ihren Männern zu befehlen, im Bach zu jagen und das, was ich als die

Rinderherde des Postens betrachtete, nicht zu stören. Sie taten dies, und die Herde blieb noch bei uns.

„Eines Morgens im Februar 1967 klopfte ein Sergeant, den ich am Tag zuvor mit einer kleinen Abteilung zum Kundschafterdienst losgeschickt hatte, an meine Tür und meldete seine Rückkehr. Unter anderem sagte er: ‚Leutnant, ich traf unsere Büffelherde, die den Bach hinaufzog, etwa 24 Kilometer von hier. Sie bewegten sich langsam, grasten nur so vor sich hin.‘

„Ich beschloss zu sehen, ob sie nicht zurückgebracht werden könnten, und ritt mit fünfundzwanzig Mann (begleitet von Leutnant Cooke, Dritte Infanterie, Adjutant, Assistenzarzt Fisk und Mr. Hale, dem Posthändler) den Bach hinauf und betrat das Tal oberhalb der Herde. Dann bildeten wir eine Scharmützellinie am Boden und rückten sehr langsam auf die Büffel zu. Als sie uns zum ersten Mal bemerkten, schienen die Anführer unsicher zu sein, was sie tun sollten; Aber da sie daran gewöhnt waren, große Gruppen von uns zu sehen, drehten sie sich schließlich um, anstatt zu rennen, wie ich befürchtet hatte, und begannen, sich langsam rückwärts in die Richtung vorzuarbeiten, aus der sie gekommen waren. Bei Einbruch der Dunkelheit befand sich die Herde auf ihrem alten Futterplatz , und dort ließen wir sie zurück, und dort blieb sie bis zum Frühjahr und wäre zweifellos länger geblieben, aber unglücklicherweise ritt die Siebte Kavallerie unter General Custer auf sie zu , als sie nach ihrer erfolglosen Verfolgungsjagd nach den Cheyennes, die vor General Hancock geflohen waren, den Bach hinunter zum Posten kamen, um Vorräte zu holen. General Custer gab zwei Truppen den Befehl, Fleisch für das Kommando zu beschaffen. Nachdem sie es gejagt und vierundvierzig Tiere getötet hatten, wurde die Herde zerstreut und kehrte nie zurück. Die Herde versorgte den Posten (bestehend aus etwa dreihundert Offizieren und Männern) vom 16. Oktober 1866 bis etwa zum 20. April 1867 mit frischem Rindfleisch.“

Das Büffelkalb ließ sich, wenn es noch sehr jung gefangen wurde, leicht zähmen. Tatsächlich war manchmal nichts weiter nötig, als das Kalb einen Moment oder zwei an den Fingern saugen zu lassen, dann folgte es dem Reiter ins Lager und schien völlig furchtlos vor Menschen zu sein. Wie bereits erwähnt, wird es, wenn es noch sehr jung ist, von seiner Mutter versteckt und kann dann, wie die Jungen von Hirschen, Elchen, Antilopen und anderen Wiederkäuern, gefangen werden und unternimmt keinen Versuch zu entkommen. Viele Autoren haben dies als Dummheit und Stumpfsinn angeprangert. Tatsächlich ist es lediglich ein Ausleben des Schutzinstinkts, der den Jungen vieler großer Säugetiere eigen ist, zu einem Zeitpunkt, wenn sie noch keine Waffen zum Selbstschutz und nicht die Kraft oder Geschwindigkeit haben, sich durch Flucht zu retten.

In den letzten zweihundert Jahren wurden zu verschiedenen Zeiten Versuche unternommen, den Büffel zu domestizieren, und zwar mit vollem Erfolg. Aber diese Versuche wurden nie lange genug fortgesetzt, um wirtschaftliche Ergebnisse zu erzielen. Dennoch wurden Büffel seit Beginn des 18. Jahrhunderts in Gefangenschaft gehalten und gegen Ende dieses Jahrhunderts tatsächlich domestiziert, gezüchtet und mit einheimischen Rindern in Virginia und etwas später in Kentucky gekreuzt. Der sehr ausführliche Bericht, den Mr. Robert Wycliff aus Lexington, Kentucky, Mr. Audubon 1843 gab, wurde oft zitiert, und alle seitdem durchgeführten Experimente haben die damals gezogenen Schlussfolgerungen bestätigt. Es wurde bewiesen und ist heute allgemein bekannt, dass die gezähmten Büffel leicht zu handhaben sind, Zäune respektieren und kaum schwieriger zu kontrollieren sind als einheimische Rinder; dass der männliche Büffel sich leicht mit der einheimischen Kuh kreuzt; dass die Nachkommen der beiden Arten mit beiden Arten und untereinander fruchtbar sind. Es wurde auch nachgewiesen, dass das gekreuzte Tier größer ist als seine Eltern und daher ein besseres Rind ergibt. Außerdem ergibt sich aus seiner Haut ein Fell, das zwar nicht dem des Büffels gleicht, aber zumindest dem Fell des gewöhnlichen Rinds weit überlegen ist. Wichtiger als das Rindfleisch oder das Fell ist die sehr viel höhere Widerstandsfähigkeit des Kreuzungstiers, die es in die Lage versetzt, extreme Kälte und Schnee zu ertragen, die das gewöhnliche Hausrind töten würden.

Von den Tagen Robert Wycliffs bis fast zu der Zeit, als Herr CJ Jones aus Kansas mit Experimenten zur Büffelzucht begann, wurde in dieser Richtung wenig oder gar nichts getan. Einige Jahre zuvor machte sich Herr SL Bedson aus Stony Mountain, Manitoba, an das gleiche Problem, und beide Männer hatten großen Erfolg. Beide züchteten in beträchtlicher Zahl reine Büffel, und beiden gelang es, den Büffel mit der Hauskuh zu züchten und eine Nachkommenschaft zu sichern, die sich durch ihre Größe und die produzierten Gewänder auszeichnete. Tatsächlich zitiert Herr Hornaday Herrn Bedson mit den Worten, dass das zu drei Vierteln gezüchtete Tier „ein besonders gutes Gewand hervorbringt, das auf jedem Markt, auf dem eine Nachfrage nach Gewändern besteht, leicht vierzig bis fünfzig Dollar einbringt.“

Es ist durchaus möglich, dass die Zeit für die Etablierung einer Büffelrindrasse vorbei ist. Die Büffel sind ausgestorben und die Zahl der Tiere in Gefangenschaft, auf die zurückgegriffen werden kann, ist sehr gering. Dennoch macht das große Übergewicht der Bullen unter diesen domestizierten Büffeln es möglich, dass etwas in dieser Richtung getan werden könnte, obwohl die Chancen jetzt sehr dagegen stehen.

Der Büffel ist oft bis zum Joch gebrochen. Robert Wycliff sagt über dieses Tier: „Er geht aktiver und hat meiner Meinung nach mehr Kraft als ein

Ochse mit dem gleichen Gewicht." Ich habe sie bis zum Joch gebrochen und festgestellt, dass sie hervorragende Ochsen abgeben können; und zum Ziehen von Wagen, Karren oder anderen schwer beladenen Fahrzeugen auf langen Reisen wären sie meiner Meinung nach dem gewöhnlichen Ochsen weitaus vorzuziehen." Unter dem Joch sollen sie jedoch etwas schwer zu kontrollieren sein, und es werden Fälle angeführt, in denen zerbrochene Büffel aus verschiedenen Gründen weggelaufen sind, was großen Schaden an der Last verursachte, die sie transportierten. Im Jahr 1874 erzählte mir ein Siedler am Trail Creek in Montana, dass er ein Paar Bullen bis zum Joch gebrochen hatte, und erklärte, dass sie mehr als „jede zwei Joch Rinder auf dem Platz" schleppen würden.

Es gibt neben dem Mangel an Büffeln noch einen weiteren Grund für die Annahme, dass es niemals einen systematischen Versuch geben wird, diese Tiere mit Hausrindern zu kreuzen. Die Tage der Freilandhaltung, in der das Vieh im Winter wie im Sommer in die Prärie getrieben wird, um sich selbst zu versorgen, sind fast vorbei, und von Jahr zu Jahr wird die Fläche der Freilandhaltung immer kleiner. Die Vorteile einer großen Größe und eines wertvollen Gewandes würden für den Bauern immer noch eine Attraktion darstellen; aber die Widerstandsfähigkeit, die es dem Mischlingstier ermöglicht, fast jedes Winterwetter zu ertragen, wird bald nicht mehr erforderlich sein, da das Vieh fast im gesamten westlichen Land unter Zäunen gehalten und im Winter mit Heu gefüttert wird.

Seit jeher waren die Büffel die Nahrung der Indianer, und als sie das Land des weißen Mannes betraten, ernährten sie ihn auch. Welche ursprüngliche Methode die Indianer zur Jagd auf Büffel verwendeten, wissen wir nicht, aber zu der Zeit, als die Weißen die Rothäute kannten, als sie noch Fußvolk waren, bestand die einzige Möglichkeit, diese Tiere einzufangen, darin, sie einzukreisen oder sie in Pferche zu treiben, aus denen die Büffel nicht entkommen konnten und wo sie leicht getötet werden konnten. Solche Pferche wurden am Fuße von Steilhängen oder niedrigen Klippen gebaut, über die die Büffel getrieben wurden; oder in offenerem und flacherem Land, wo es keine Schluchten mit steilen Wänden gab, wurde oft ein langer, eingezäunter Damm gebaut, auf den die Büffel getrieben wurden, und als sie das Ende erreichten, waren die Anführer aufgrund des Drucks der Hintermänner gezwungen, in die Pferche zu springen, und die anderen folgten, bis alle gefangen waren. Wenn die Treibjagd über eine hohe Klippe erfolgte, kamen durch den Sturz häufig viele Tiere ums Leben, und selbst wenn dies nicht der Fall war, wurden viele der jüngeren und schwächeren Tiere bei dem gewaltigen Gedränge im Pferch von ihren Artgenossen getötet.

Die Büffel waren kaum eingesperrt, als sie begannen, in dem Gehege umherzurennen. Die Männer, die auf den Baumstämmen standen, die die

Seiten des Geheges bildeten, schossen mit ihren steinernen Pfeilen auf sie, als sie vorbeirannten, bis schließlich alle gefallen waren.

Das Prinzip der Umzingelung zu Fuß war nicht anders. Wenn eine Büffelherde gefunden wurde, warteten die Indianer einen Tag, an dem der Wind nicht wehte, und umzingelten sie dann von allen Seiten, indem sie sich an die Büffel heranschlichen. Wenn die Reihe einigermaßen vollständig war, zeigte sich ein Mann und erschreckte die Büffel vielleicht, indem er mit seinem Gewand vor ihnen wedelte. Sie begannen zu rennen, und dann zeigten sich die Männer, die an dem Punkt des Kreises standen, in den sie ihren Weg lenkten, warfen ihre Gewänder in die Luft und drehten sich in eine andere Richtung. Wohin sie auch rannten, sie fanden Leute vor sich und bald begannen sie, im Kreis innerhalb des Kreises der Männer herumzulaufen und taten dies, bis sie erschöpft waren. Nach und nach rückten die Männer näher zusammen und machten den Kreis kleiner, und bald rannten die Büffel nahe genug an sie heran, um von ihren Pfeilen getroffen zu werden.

Es war nicht immer so, dass die Jagd erfolgreich war. Manchmal fand ein starker Bulle im Pferch eine Stelle, an der niemand stand, und sprang über die Barriere oder sprang zumindest darauf und warf sein ganzes Gewicht dagegen. Sehr wahrscheinlich würden ihm andere folgen, und vielleicht würde es einigen gelingen, die Mauer zu überwinden; oder sie könnten es sogar zerschlagen, und dann würde die ganze Herde aus dem Pferch strömen und verloren gehen. Manchmal war es auch in der Umgebung, besonders wenn die Büffelherde groß war, unmöglich, sie umzudrehen, und sie bahnten sich einen Weg durch den Ring der Menschen. Wenn die Indianer, wie es manchmal vorkam, ihre Hütten rund um die Herde errichteten, konnten die Büffel auf ähnliche Weise dennoch einen Weg finden, durchzubrechen und zu entkommen.

Wenn jedoch alles gut ging und ein großer Teil der Herde getötet wurde, herrschte im ganzen Lager große Freude. Alle waren glücklich, denn für einige Tage würde es reichlich Nahrung geben und jeder würde genug zu essen haben; und nichts fürchtet der Inder so sehr wie der Hunger.

Später, nachdem die Indianer Pferde und Pfeile mit Eisenspitzen und noch später Repetiergewehre erhalten hatten, wurden diese alten Methoden alle aufgegeben. Es war einfacher, die Büffel zu Pferd zu jagen, und ihre Packpferde boten ihnen die Möglichkeit, die Beute der Jagd zurück ins Lager zu bringen. Auch jetzt benutzten sie die Lanze bei der Jagd, trieben das Pferd dicht an die rechte Seite des Büffels heran, hielten die Lanze quer über den Körper und schickten den scharfen Stahl mit einem mächtigen beidhändigen Stoß tief in die Eingeweide des Tieres.

Es gab wohl keine aufregendere Szene als eine der alten Büffeljagden der Indianer. Sie selbst waren nackt und ritten auf ihren nackten Pferden, trugen ihre Köcher mit Pfeilen auf dem Rücken oder an der Seite und ihre Bögen in den Händen. Die guten Büffelpferde waren schnell zu Fuß, um die Kuh zu fangen, und waren hervorragend darauf trainiert, über die raue Prärie zu rennen, die oft durch Dachslöcher oder Höhlen der Präriehunde gefährlich ist. Sie wussten, wie sie sich dem Büffel nähern und wie sie seinem Angriff ausweichen konnten – sie waren tatsächlich genauso gut trainiert wie das Kuhpony, das genau weiß, was von ihm erwartet wird, wenn es Vieh aus einer Herde reißt. Die Jagd verlief schweigend, und das einzige Geräusch war das Rumpeln von tausend Hufen – dumpf, wenn der Boden weich war, und scharf, wenn er hart war. Wenn die Herde groß war, herrschte große Verwirrung. Büffel und Pferde mit ihren Reitern waren in der Staubwolke, die die fliehende Herde aufwirbelte, nur undeutlich zu erkennen. Pferde überholten ständig die Büffel, Reiter beugten sich, Pferde scherten aus, Büffel fielen. Die alten Bullen, die von den schnellen Reitern überholt wurden, drehten sich um und flohen einzeln oder in kleinen Gruppen nach rechts und links, während die schnelleren Kühe mit gesenktem Kopf und erhobenem Schwanz nach vorne rannten, um den Indianern zu entkommen, die in ihren hintersten Reihen ritten.

Die Jagd auf die wilden Mischlinge vom Red River unterschied sich nicht sehr davon, außer dass Gewehre verwendet wurden und es viel Geschrei und Lärm gab. Diese wurden zu Pferd verfolgt und die Männer waren mit den alten Hudson Bay-Flinten mit glattem Lauf und Steinschloss bewaffnet. Pulver wurde in einem Horn und Kugeln in der Mündung mitgeführt. Nachdem er sein Gewehr abgefeuert hatte, schüttete der Jäger das Pulver aus dem Horn direkt in den Lauf, schätzte die Menge, ließ eine Kugel aus der Mündung in den Lauf gleiten, das Gewehr wurde auf dem Sattel mit einem Rüttelhebel bestückt, um die Ladung zu stabilisieren, ein wenig Zündhütchen wurde in die Pfanne gegossen und er war bereit für einen weiteren Schuss.

Bei solchen Jagden transportierten die Red-River-Mischlinge ihre Familien und ihren Besitz fast ausschließlich in den bekannten Red-River-Karren, die jeweils von einem einzigen Pferd gezogen wurden und neben einer Ladung Gepäck eine Frau und vielleicht zwei oder drei Kinder beförderten.

Abgesehen von diesen Massenmethoden, Büffel zu erbeuten, wurden sie natürlich auch einzeln von Männern getötet, die nahe genug an sie herankrochen, um selbst einen steinernen Pfeil tief genug in die Seiten zu treiben, um das Leben zu erreichen. Wenn sich die Büffel in Situationen befanden, in denen es unmöglich war, sich ihnen zu nähern, schlichen sich oft als Wölfe verkleidete Männer in die Herde und töteten die Büffel mit ihren Pfeilen. Catlin und andere haben diese Herangehensweise, die heutzutage nur bei den Indianern traditionell ist, beschrieben und dargelegt;

Dennoch hat mir ein alter Freund, der vor einigen Jahren im Alter von fast hundert Jahren starb, erzählt, dass er auf diese Weise oft Büffel getötet habe, entweder allein oder in Gesellschaft eines indischen Freundes.

Sowohl Indianer als auch Mischlinge konservierten das Fleisch des Büffels, indem sie es trockneten. Die Streifen oder breiten Fleischflocken wurden etwa einen Viertel Zoll dick geschnitten und an Gerüsten aufgehängt, die der Sonne und der Luft ausgesetzt waren. In ein oder zwei Tagen war das Fleisch vollständig getrocknet, dann wurde es in die richtige Länge gebogen und entweder zu Bündeln zusammengebunden oder in Parfleches verarbeitet. Aus diesem Trockenfleisch wurde der bekannte Pemmikan hergestellt. Das getrocknete Fleisch wurde über einem Kohlenfeuer geröstet und dann durch Zerschlagen mit Stöcken auf einer Haut oder durch Zerstoßen zwischen zwei Steinen zerkleinert. Dieses pulverisierte Fleisch wurde mit dem geschmolzenen Fett des Büffels vermischt und nachdem die ganze Masse gründlich gerührt worden war, wurde es in Säcke aus Büffelhaut verpackt, die dann mit Sehnen vernäht wurden, und als die Masse allmählich abkühlte, wurde der Sack hart und wäre sehr lange haltbar.

Das Töten von Büffeln war, wie beschrieben, in keiner Weise ein Sport; es war vielmehr Arbeit der schwersten Art. Der schnelle Ritt über die trockenen Ebenen durch die Staubwolken, das Töten der Büffel und schließlich das Zerlegen der Tiere waren körperliche Arbeit, die weitaus härter war als die meisten Arbeiten, die von zivilisierten Menschen ausgeführt wurden. Normalerweise wurden die Büffel weit entfernt von Wasser getötet, und die harte Arbeit, die der Mann verrichtete, und die Sommerhitze machten ihn sehr durstig. Es ist daher nicht verwunderlich, dass er seinen Durst löschte, indem er die mit Galle bestreute Leber verschlang oder die gallertartige Nase des Büffels roh aß.

Die Beschreibung einer Schlachtung, die Audubon in seinem „Missouri River Journal" gibt, ist sehr anschaulich und verdient hier eine Zitierung:

„Sobald der Büffel tot ist, legen drei oder vier Jäger, deren Gesicht und Hände oft mit Schießpulver bedeckt sind und die Pfeifen brennen, das Tier auf den Bauch und fixieren den Körper, indem sie jedes Vorder- und Hinterbein herausziehen, so dass er nicht wieder umfallen kann. Nahe der Schwanzwurzel, direkt über der Wurzel, wird ein Einschnitt gemacht und die Haut bis zum Hals aufgeschnitten und auf die gröbste Art und Weise abgezogen, die man sich vorstellen kann, nach unten und auf beiden Seiten gleichzeitig. Die Messer fliegen in alle Richtungen und an Händen und Fingern entstehen viele Wunden, die aber zu diesem Zeitpunkt selten versorgt werden. Die Pfeife eines Mannes ist vielleicht leer und er nimmt mit seinen blutigen Händen die seines nächsten Gefährten, dessen Hände ebenso blutig sind. Nun schlägt einer den Schädel des Stiers ein und holt mit blutigen

Fingern das heiße Gehirn heraus und verschlingt es mit besonderem Genuss; ein anderer hat nun die Leber erreicht und schlingt enorme Stücke davon hinunter; während vielleicht ein Dritter, der an den Bauch gekommen ist, sich genüsslich an einigen – für mich – ekelhaft aussehenden Innereien labt. Doch die Hauptarbeit geht weiter. Das Fleisch wird von den Seiten der Buckel- oder Höckerknochen entfernt, von dort, wo diese Knochen beginnen, bis zum Hals, und der Höcker selbst wird auf diese Weise zerstört. Die Jäger gaben den bloßen Knochen den Namen „Höcker", wenn sie leicht mit Fleisch bedeckt sind. Sie werden gekocht und schmecken sehr gut, wenn sie fett, jung und gut gebraten sind. Die Fleischstücke, die von den Seiten dieser Knochen entfernt werden, heißen *Filets* und sind, wenn sie richtig gekocht sind, das beste Stück des Tieres. Die Vorderviertel oder Schultern werden entfernt, ebenso wie die Hinterviertel, und die Seiten, die von einer dünnen Fleischstückchen, Dépouillé genannt, bedeckt sind, werden herausgenommen. Dann werden die Rippen an den Wirbeln abgebrochen, ebenso wie die Buckelknochen. Die Markknochen, die nur von den Vorder- und Hinterbeinen stammen, werden zuletzt herausgeschnitten. Die Füße bleiben normalerweise daran befestigt; der Bauch wird von seiner Fettschicht befreit, Kopf und Rückgrat werden den Wölfen überlassen. Die Rohre werden alle geleert, die Hände, Gesichter und Kleider sind blutig, und jetzt wird oft ein Glas Grog genossen, da das Abziehen von Haut und Fleisch von drei oder vier Tieren wirklich sehr harte Arbeit ist. … Wenn der Wind stark ist und die Büffel darauf zulaufen, schnappen die Gewehre der Jäger oft, und während sie sich anstrengen, ihre Pfannen aufzufüllen, fliegt das Pulver herum und bleibt an der Feuchtigkeit haften, die sich jeden Moment auf ihren Gesichtern ansammelt; aber nichts hält diese wagemutigen und normalerweise starken Männer auf, die, sobald die Jagd beendet ist, von ihren Pferden springen, sie grasen lassen und ihre Metzgerarbeit beginnen."

Die Indianer und Mischlinge töteten die Büffel zu ihrem Lebensunterhalt – für Nahrung, Kleidung, Obdach und viele ihrer Geräte. Die zivilisierten Büffelhäuter rotteten sie wegen ihrer Häute aus. Es gab eine andere Klasse, die etwas zur Ausrottung der Büffel beitrug, doch war die Zahl der von ihnen getöteten Büffel im Vergleich zu denen, die zu kommerziellen Zwecken getötet wurden, unbedeutend. Diese Klasse umfasste diejenigen, die Büffel zum Vergnügen trieben. Büffeljagd war keine schwierige Kunst und auch nicht besonders aufregend, außer insofern, als es aufregend ist, ein Tier zu jagen und einzuholen, das zu entkommen versucht. Vorausgesetzt, ein Mann hatte ein gutes Pferd und war einigermaßen an das Reiten gewöhnt, war die Büffeljagd wenig schwierig und wenig gefährlich. Gleichzeitig hat die Kombination aus dem schnellen Ritt, dem rauen Gelände, dem Staub und Schmutz, den die fliehende Herde aufwirbelte, und der Nähe der großen Tiere viele Büffeljäger bei ihrer ersten Jagd so nervös gemacht, dass sie genau das Falsche taten. Es gibt nicht wenige Fälle, in denen Reiter, die Büffel mit einer Pistole töten wollten, statt der Büffel ihre eigenen Pferde erschossen haben. Und mir ist zumindest ein Fall bekannt, in dem der aufgeregte Jäger, der auf der rechten statt der linken Seite des Bullen ritt und über seinen eigenen Körper hinweg schoss, es schaffte, sich selbst in den linken Arm zu schießen.

Der wilde Ritt hinter Büffeln hatte etwas ziemlich Aufregendes, ein Spiel, das dem von Jungen gespielten „Folge meinem Anführer" nicht unähnlich ist, wobei der Anführer das unwegsamste und schwierigste Gelände auswählt, das er passieren kann, und der Verfolger gezwungen ist, denselben Weg zu nehmen. Aber die Büffeljagd ist heute ein Sport der fernen Vergangenheit, und es ist unnötig, ausführlich darüber zu sprechen.

In den Tagen ihres Überflusses waren Büffel eine äußerst beeindruckende Art, und ihre enorme Anzahl war ein Thema, bei dem sich viele Autoren gerne aufhielten. Ihnen fehlten Adjektive, um die Scharen der gesichteten Büffel zu beschreiben, und es war nicht ungewöhnlich, dass Menschen weite Strecken in großen Herden zurücklegten, die ihnen beim Vorbeiziehen langsam den Weg frei machten. Es wurden viele Berechnungen über die Anzahl der auf einmal gesichteten Büffel angestellt, aber letztendlich können diese kaum mehr als Vermutungen sein. Begriffe wie Tausende und Millionen, die so häufig verwendet werden, haben wenig oder keine Bedeutung, da wir keinen Vergleichsmaßstab haben, um sie zu messen. Alle früheren Autoren, wie anschaulich ihre Beschreibungen ihrer Anzahl auch sein mögen, können den Leser nicht beeindrucken, da niemand solche Zahlen begreifen kann, außer wenn er sie sieht. Dr. Allen, Mr. Hornaday, Colonel Dodge und viele der alten Entdecker liefern viel Material zu diesem Thema. Ein paar Zeilen aus dem Tagebuch von Alexander Henry geben eine Vorstellung von ihrer Anzahl am Red River. Er sagt unter dem Datum vom 18. September 1800: „Ich schaute wie üblich morgens von der Spitze meiner Eiche aus und sah mehr Büffel als je zuvor. Sie bildeten eine Gruppe, beginnend etwa eine halbe Meile vom Lager entfernt, von wo aus die Ebene auf der Westseite des Flusses so weit das Auge reichte bedeckt war. Sie bewegten sich langsam südwärts, und die Wiese schien in Bewegung zu sein. Heute Nachmittag ritt ich ein paar Meilen den Park River hinauf. Die wenigen Waldstücke entlang des Flusses wurden von Büffeln verwüstet; nur die großen Bäume stehen noch, deren Rinde vollkommen glatt gerieben ist, und Haufen von Wolle und Haaren liegen am Fuß der Bäume. Das kleine Gehölz und Gestrüpp ist völlig zerstört, und selbst das Gras darf in den Spitzen des Gehölzes nicht wachsen. Der kahle Boden wird von diesen Rindern mehr zertrampelt als das Tor des Bauernhofs."

Sogar in jüngster Zeit reiste man tagelang durch Herden, die für das Auge eine geschwärzte Prärie zu bedecken schienen, und ich selbst bin wochenlang durch den Nordwesten gereist, ohne zu irgendeiner Tageszeit außer

Sichtweite zu sein von Büffel. Wie viele Millionen es in den großen Herden gab, durch die wir früher gingen, ist heute nutzlos zu berechnen. Sie sind alle weg. Aber in weiten Teilen des westlichen Landes haben sie in den tiefen Pfaden, die die Prärie in alle Richtungen durchfurchen, noch immer sichtbare und langlebige Denkmäler hinterlassen.

Andere Erinnerungsstücke, die noch zu sehen sind und die das Herz des Oldtimers bewegen, obwohl sie für den Menschen von heute bedeutungslos sind, sind die riesigen unregelmäßigen Felsbrocken, die hier und da über der Prärie liegen, wo sie von der Erde abgeworfen wurden große Eismasse auf ihrem Weg vom Hochland herab. An solchen Felsblöcken rieben die Büffel früher ihren Körper, und oft sieht man solche Massen aus Granit oder steinigem Quarzit, poliert und deren scharfe Kanten durch das Reiben der zähen Häute an ihnen abgenutzt sind. Über einem solchen Felsen liegt tief im Boden der Graben, durch den einst die Bullen, die Kühe und die jüngeren Tiere marschierten, während sie sich mit ihren Hufen gegen den harten Felsen drückten und den Boden in feinen Staub zerteilten, der von ihm weggeblasen wurde der Wind. Die Ecken dieser alten Reibesteine sind noch immer durch das Fett der Büffelfelle verfärbt, und wenn man sie betrachtet, könnte man meinen, sie seien erst gestern benutzt worden.

Hier sind also Monumente aus unvergänglichem Granit, die von einer Rasse stummer Geschöpfe geformt wurden und denen, die ihre Skulpturen lesen können, eine lange Geschichte von Leben, Macht und Vielfalt erzählen, die für immer verschwunden sind. Seit frühester Zeit hat der Mensch überall auf der Erde seine bleibenden Denkmäler errichtet, um die Wunder späterer Zeitalter festzuhalten; aber welche der Tierrassen hat dies getan, abgesehen vom Bison?

AMERIKANISCHER BISON

(BOS BISON [6])

Die große Erhebung der Vorderviertel, die Masse des langen Haares, das Kopf, Schultern und Vorderkörper bedeckt, zusammen mit der besonderen Form des Kopfes und der Hörner, von denen letztere zylindrisch sind, dienen sofort dazu, den Bison von den anderen Mitgliedern der Ochsenfamilie zu unterscheiden. Einige der Punkte, die den amerikanischen Bison von seinem europäischen Vetter unterscheiden, sind, dass die Masse des Haares an den Vordervierteln länger ist, die Form des Schädels anders ist, die Hörner kürzer, dicker, stumpfer und schärfer gebogen sind. Im Schädel des amerikanischen Tieres haben die Augenhöhlen eine röhrenförmigere Form.

Schulterhöhe etwa 1,80 m; Gewicht 15 bis 20 Zentner; ein ausgewachsener Bulle brachte laut WT Hornaday 1727 Pfund auf die Waage.

Verbreitung: Der größte Teil des westlichen Nordamerikas, aufsteigend bis zum Großen Sklavensee und absteigend bis nach New Mexico und Texas; heute fast ausgerottet. Amerikanische Autoren erkennen zwei Rassen (oder Arten) an, den Präriebison (*B. bison typicus*) und den größeren Waldbison (*B. bison athabascæ*) aus den bewaldeten Hochländern des Nordwestens.

MESSUNGEN VON HÖRNERN

LÄNGE DER AUSSENKURVE	UMFANG	SPITZE ZU SPITZE	GRÖSSTE INNENSPANNE	LOKALITÄT	EIGENTÜMER
—21½	15¼	..	35 außen	Nördliches Montana	WF Sheard
20⅞	15	..	30½	Wyoming	Hon. F. Thellusson
—20¼	16⅛	33½	..	?	WH-Wurzel
—19	12½	..	..	West-Montana	P. Liebinger
18⅞	14¾	..	16⅞	West-Montana	Der verstorbene JS Jameson
—18¼	14	26¼	29	Sioux-Land	Sir Greville Smyth, Bart.
—18	14	..	..	Montana	F. Sauter

17¾	12⅜	15⅛	..	?	Seine Königliche Hoheit der Herzog von Sachsen-Coburg und Gotha
—17½	12½	..	..	Südwestliches Montana	Theodore Roosevelt
17½	12	..	25½	Wyoming	Seine Königliche Hoheit der Herzog von Orléans
17½	13½	21	..	?	Viscount Powerscourt
17⅛	11⅜	10⅜	17⅛	?	Britisches Museum
—17	14	17½	..	Yellowstone, Montana	Graf E. Hoyos
16⅝	14¼	24	..	Bighorn Mts., Wyoming	Moreton Frewen [7]
16½	12½	19⅜	..	Colorado	Sir Edmund G. Loder, Bart.
16¼	13½	14¼	..	?	Herzog von Portland
16⅛	15⅞	25¾	..	Colorado	Sir Edmund G. Loder, Bart.
15½	14⅜	..	19¾	Wyoming	St. George Littledale
—15.8	12.14	15	..	Indisches Territorium, in der Nähe von Texas	Prinz Heinrich von Liechtenstein
14	..	12¼	..	North Park, Colorado	Oberst Ralph Vivian
13½	13½	17½	..	?	G. Wrey
13⅜	12	..	..	?	Hon. Walter Rothschild

Das Bergschaf: seine Wege

Von Owen Wister

- 73 -

ROCKY-BERG-SCHAF

An einem Sonntagmorgen, dem 10. Juli 1892, erwachte ich zwischen meinen spärlichen, aber verwickelten Pullman-Decken und überredete die zerbrochene, gefederte Jalousie meines unteren Bettes, weit genug nach oben zu gleiten, um einen Blick auf Livingston, Montana, zu ermöglichen. Draußen sah ich mit mehr als Vergnügen einen dicken und blühenden Bergbock. Er war an einen Telegrafenmasten gefesselt und betrachtete mit einer Gleichgültigkeit, die aus viel Vertrautheit resultierte, unseren Schlafwagen, der aus St. Paul gekommen war und gestern Abend aus dem Küstenzug geworfen wurde, weil er heute Morgen rollen sollte Scharen von Touristen den Abzweig des Yellowstone Park hinauf nach Cinnabar. Der

Widder hatte die Touristen aus dem Osten und ihre Autos lange genug angeschaut, dass der langsame Blick seines Auges nicht etwa eine Verwandtschaft, sondern die gleiche Verachtung zum Ausdruck bringen konnte, die im Blick der Indianer am Bahnhof Custer, der Kuhtreiber in Billings und aller anderen schwelte Tatsächlich handelt es sich um ein Rocky-Mountain-Geschöpf, unter dessen Beobachtung der östliche Tourist vorbeikommt. Lieber Leser, stellen Sie sich im Zoo dem Löwen gegenüber, wenn Sie nicht wissen, was ich meine. Das Stigma war so offensichtlich, dass es mir auf fantastische Weise in den Sinn kam, zurückzutreten und dem Tier zu erklären, dass ich kein Tourist war, dass ich schon früher Mitglieder seiner Spezies gejagt und getötet hatte und dies wahrscheinlich noch einmal tun sollte. Und während ich so zwischen den Pullman-Decken saß und nachdachte, sprang der Widder belanglos von der Erde, wedelte mit den Vorderbeinen, kam herab, schwenkte auf den Telegraphenmast zu, als wäre er auf einer Quintain, und im nächsten Moment graste er ruhig auf der Ebene mit der Miene, als hätte er überhaupt nichts mit der jüngsten Unruhe zu tun gehabt.

Was hatte ihn so auf die Palme gebracht? Extrem jung? Nein, denn als ich von ihm erfuhr, war er fünf Jahre alt – eine Reife, die bei uns Männern etwa dreißig Jahren entspricht. Es war einfach sein eigenes charmantes Temperament. Keine Lokomotive war gekommen; außerdem scherte er sich, wie ich später feststellen sollte, nicht um Lokomotiven; kein Bürger, ob alt oder jung, beiderlei Geschlechts, hatte ihn beleidigt; und auch in Livingston, Montana, herrschte an diesem schönen frühen Sonntagmorgen keinerlei Aufregung. Als ich schließlich auf dem Bahnsteig stand, wehte nur der Wind von den sonnigen Schneefeldern herab, und das nicht rau, während aus hohen, unsichtbaren Richtungen ein angenehmes Läuten von Kuhglocken klang.

Ich war noch keine zwei Minuten auf dem Bahnsteig, als der Widder es wieder tat. Ja, es war einfach sein charmantes Temperament; und seitdem habe ich ihn oft, sehr oft, wenn ich von behäbigen Bekannten umgeben war, um sein fröhliches und entspannendes Vorrecht beneidet. Ich war jetzt dankbar zu erfahren, dass der Nebenzug noch eine beträchtliche Zeit auf den Zug aus Tacoma warten musste, bevor er mich aus der Gesellschaft des Widders mitnehmen konnte; eine so gute Gelegenheit, ein lebendes, gesundes Bergschaf auf seiner heimischen Heide zu beobachten, würde ich wohl nie wieder bekommen, und nach dem Frühstück suchte ich sofort seinen Besitzer auf.

„Es ist ein schönes Wochenende", sagte der Besitzer.

„Und ein sehr schöner Widder", versicherte ich ihm.

„Er ist ganz schön alt", fuhr der Besitzer fort. „Für fünfhundert können Sie ihn haben."

„Sie sind weit weg von London", war mein Kommentar; und er fragte, ob ich auch Engländer sei. Aber das war ich nicht, und ich hatte auch keine Lust, den Widder davonzutragen und hüpfend und springend in die Zivilisation zu gelangen.

Dreihundert Pfund wären vermutlich etwas schwerer gewesen als er, aber nicht viel; er stand fast so hoch wie meine Hüfte, und er war irgendwann in seiner langen, langen Vorfahrenzeit auf seinen langen, nicht schafähnlichen Beinen von Asien zu uns herübermarschiert – hatte die eisige Meerenge übersprungen, bevor Adam (geschweige denn Behring) darin war Welt, und während die Meerengen selbst darauf warteten, dass das spaltende Meer die Landbrücke zwischen Kamtschatka und Alaska durchbrach. Dies ist die beste Vermutung, die die Wissenschaft über den mysteriösen Ursprung unserer Schafe machen kann. Auf unserem Boden sind seine Knochen auf keinem der Friedhöfe der Natur bis spät in die geologische Zeit erhalten geblieben; Vor der Eiszeit scheinen weder er noch sein ebenso ungewöhnlicher Kamerad, die weiße Ziege, bei uns gewesen zu sein. und wir können getrost annehmen, dass Schafe und Ziegen ihre Reise gemeinsam antraten und über die große alte Aleutenbrücke kamen, die Behring später in Fragmenten fand. Nachdem sie dort oben im nahezu polaren Norden gelandet waren, machten sie sich auf den Weg nach Osten und Süden zwischen unserem Pazifik und den Rocky Mountains, bis sie, als wir selbst auf den nordamerikanischen Kontinent kamen, um dort zu leben, sie – insbesondere die Schafe – hatten. breiteten sich weit aus und besetzten ein hübsches Gebiet, als wir sie trafen.

„Unter anderem beschafften wir zwei Hörner des Tieres ... den Mandanern bekannt unter dem Namen Ahsahta ... gewunden wie die eines Widders."

Soweit ich weiß, ist dies das erste von einem Amerikaner aufgezeichnete Wort des Bergschafes. So schrieb Lewis am 22. Dezember 1804, als er sich damals im Winterlager bei den Mandan-Indianern befand, nicht viele Meilen flussaufwärts von der Stelle, an der heute die Brücke des Nordpazifiks Bismarck mit Mandan verbindet. Wir finden ihn wieder, am 25. Mai darauf, als er den Missouri hinauf ein wenig über die Muschelschale hinaus unterwegs war und schrieb: „Im Laufe des Tages sahen wir auch mehrere Herden von Tieren mit großen Hörnern unter ihnen." steile Klippen im Norden und tötete mehrere von ihnen;" Einer seiner Forscherkollegen schreibt in seinem eigenen Bericht zu Recht: „Aber sie ähneln kaum Schafen, außer im Kopf, den Hörnern und den Füßen." Es lohnt sich nicht, einen späteren Hinweis zu zitieren, der gemacht wurde, als sich die Gruppe in der

Nähe des Dearborn River befand, etwa sechzig Meilen nördlich der heutigen Stadt Helena.

So ist zu sehen, dass Meriwether Lewis, Privatsekretär von Präsident Jefferson und Kommandant dieser großen Expedition, die Bergschafe in Dakota traf und von dort bis zu den Rocky Mountains mit ihnen vertraut wurde; allerdings nicht so vertraut, dass er später eine Verwechslung zwischen Schafen und Ziegen vermeiden konnte, die, da sie weitergegeben wurde, eine klare Kenntnis dieser Tiere viele Jahre lang verzögerte. Darauf werde ich zurückkommen, wenn es um Ziegen geht.

Bis vor kurzem, das heißt bis in die achtziger Jahre, gab es noch reichlich Schafe, wo Meriwether Lewis sie in den Bad Lands von Dakota fand; und sie lebten in den meisten Gebirgszügen des Westens von Alaska bis Sonora. Damals waren sie noch nicht ausschließlich auf den Gipfeln zu finden; das große Tafelland war hoch genug für sie. Ich erinnere mich sehr gut an eine Viehtriebfahrt im Juli 1885, als ich von dem Wagen, in dem ich saß, eine kleine Herde Schafe sah, die uns beim Vorbeifahren beobachteten, in einem Land aus Salbeisträuchern und Tafelbergen, die so unbedeutend waren, dass sie auf der Karte nicht als Hügel erschienen. Das war zwischen Medicine Bow und dem Platte River. Es wäre heute ein ganz außergewöhnliches Ereignis, dort auf Dickhornschafe zu treffen; und was Dakota betrifft, so ist auch dort die Zivilisation angekommen; und Sie werden feststellen, dass Scheidungen häufiger sind als Schafe – und weniger wertvoll.

ACHTUNG—(*Ovis stonei*)

Es ist Gass, den ich oben wegen der geringen Ähnlichkeit zwischen diesem sogenannten wilden Schaf und den gewöhnlichen Schafen unserer Erfahrung zitiert habe; und es war Gass, an dessen Wort ich mich an diesem Sonntagmorgen in Livingston erinnerte, während ich mich der Beobachtung hingab. Der Widder war, wie sein Besitzer mir versichert hatte, in Wahrheit ganz „ziemlich"; und Sie könnten ihn so genau untersuchen, wie Sie wollten. Ich ergriff sein Seil, zog ihn zu mir und rieb seine Nase. Wie ein Schaf? Ich habe bereits von seinen langen Beinen gesprochen. Ich musterte ihn nun sorgfältig nach Anzeichen von Vlies. Es gab kein Schild. Kurzes Haar, dessen Textur der der Antilope nicht unähnlich war und dessen Farbe nicht weit von dem Grau entfernt war, das wir bei Angelschnüren sehen, bedeckte ihn dicht und dicht. Auf seinem Nacken und seinen Schultern verschmolz es mit einem sehr hellen Rotbraun, und auf seinem Hintern wurde es zu einem viel helleren Fleck, wenn auch nicht weiß. Tatsächlich variierte die Farbe seines Fells überall an ihm; und ich bin versucht, in diesem Zusammenhang anzumerken, dass die meisten von uns bei der Beschreibung der Farbe wilder Tiere dazu neigten, ihre Behauptungen viel zu starr zu machen. Die Tiere dort sind natürlich völlig weiß oder schwarz und so weiter; aber bei vielen, je genauer man sie untersucht, desto mehr Abstufungen offenbaren sich, wie es bei diesem Widder der Fall war; Das graue Angelgerät ist nur ein grober Eindruck von seiner Farbe am 10. Juli; Am 1. Dezember desselben Jahres sah ich ihn wieder und sein Haar hatte sich verdunkelt und ähnelte etwa dem einer Malteserkatze. Außerdem habe ich im Sommer andere Schafe gesehen, die mir auffielen, einige heller, andere dunkler als das Grau der Angelausrüstung. Und welche Bedeutung haben diese Variationen, sollen wir daraus schließen? Anpassungen an Klima und Umwelt, den Alters- und Gesundheitszustand des Einzelnen oder mehrere unterschiedliche Schafarten? Ich denke, ich sollte vor der letzten Schlussfolgerung zurückschrecken, wenn ich nicht bereit wäre, einen Unterschied in der Augen- und Haarfarbe zweier Brüder als ausreichende Grundlage zu akzeptieren, um sie als separate Unterarten des Menschen zu klassifizieren. Vielen von uns liegt es am Herzen, dass ein Berg, ein See, ein Fluss, eine Straße oder sogar (und nicht gar nichts) eine Gasse mit unserem Namen beschriftet wird und ihn so über die Jahrhunderte hinweg trägt; und von diesem sehr menschlichen Verlangen sind unsere Zoologen nicht völlig befreit; aber man hat mir beigebracht, daran zu zweifeln, dass beim Bergschaf, dem *Ovis canadensis* [8] (oder *Ovis cervina*, wie es in einigen Büchern immer noch heißt), mehr als eine oder zwei Unterteilungen letztendlich eine gültige Erweiterung unseres Wissens darstellen werden . Dies sind *Ovis dalli*, [9] eine weiße Sorte in Zentralalaska, nördlich des 60. Breitengrads, und (vielleicht) *Ovis stonei*, [10] eine dunkle Sorte mit schlankeren und nach außen gebogenen Hörnern in Alaska und Nord-British Columbia. Die vier anderen möglichen Unterarten wurden als *Ovis canadensis auduboni*, *Ovis nelsoni*, [11] niedergelegt. *Ovis mexicana*, [12] und *Ovis fannini*. [13] Bei diesen vier Schafarten handelt es sich möglicherweise weniger um Schafsarten als vielmehr um fiktive Werke.

Was den allgemeinen Namen angeht, sind sich alle einig, dass er bequem als Schaf durchgeht – bequem, aber mit einer Reihe von Vorbehalten, die die Wissenschaft anführen kann. Er hat zum Beispiel einige Dinge mit der Ziegenfamilie gemeinsam. Tatsächlich kann die Wissenschaft letztlich kaum Schafe von Ziegen unterscheiden. Unser *Ovis* hat auf diesem Kontinent absolut keine Verwandten; aber es gibt Vettern in Kamtschatka, Tibet und Indien; und ein Jäger hat mir erzählt, dass das Mufflon von Korsika ihm nicht wenig ähnelt. Ich habe vergessen zu erwähnen, dass er keinen nennenswerten Schwanz hat. So sehen Sie ihn nun endlich, wenn Sie können, die Sie ihn noch nie gesehen haben, durch meine unwissenschaftliche Sicht, als ich ihm in Livingston, Montana, die Nase rieb: groß fast wie ein Hirsch, fast wie ein schwerer Schwarzwedelhirsch geformt, dicht behaart, gräulich, schwanzlos, mit unerwarteten Widderhörnern, die sich um seine pelzigen Ohren und nach vorne biegen, mit dunkelgelben und ernsten Augen und mit dem Aussehen eines großen Gentlemans in jeder Linie. Das zahme Schaf ist ein hoffnungsloser *Bourgeois* ; aber dieser Bergaristokrat, der sich häufig in sauberem Schnee, auf steilen Felsen und in der Stille aufhält, hat, sogar noch mehr als der Elchbulle, dieselbe sichere, unbewusste Ausstrahlung, nicht nur wohlerzogen, sondern *vornehm zu sein* , nicht nur Wild, sondern *edles* Wild, die wir im zwanzigsten Jahrhundert manchmal noch bei Männern und Frauen antreffen. Was macht den Unterschied aus? Wer kann das sagen? Er ist bei Hühnern und Fischen zu finden. Was ihn erhält, wissen wir; und unsere Gesetze werden ihn am Ende ausrotten. Viele Menschen erkennen ihn bereits nicht, weder im Leben noch in Büchern. Aber die Natur verachtet das allgemeine Wahlrecht; und wenn unsere Häuser keine vornehmen Leute mehr beherbergen, werden wir sie immer noch in den zoologischen Gärten finden können.

Während meines Gesprächs mit den Schafen waren ein- oder zweimal Güterzüge vorbeigefahren, ohne ihn zu stören oder seine Aufmerksamkeit zu erregen; Aber als ich wegging und ihn grasen ließ, kam eine Lokomotive vorbei, die einen großen Lärm machte. Das machte ihm keine Angst, sondern versetzte ihn in Wut. Erneut sprang er in die Luft, schwenkte die Vorderbeine und ließ sich exzentrisch hinab, um wütend auf seinen Telegraphenmast zu schießen. Ja, er war „tyme", wenn man unter diesem Wort verstehen kann, dass er weder vor Menschen noch vor Lokomotiven zurückschreckte; aber genau hier gibt es eine Lücke in unserem Wörterbuch. Können Sie sich vorstellen, dass fünf Jahre Gefangenschaft das Blut und die Nerven eines Lebewesens bändigen können, das im Pleistozän über die Aleutenbrücke aus Asien kam und bis 1887 in den Bergen wild herumlief? Er war „zahm" genug, dir keine Aufmerksamkeit zu schenken – bis er dich töten wollte; und das war es, was er wollte, als ich ihn am ersten Tag des folgenden Dezembers sah. Dann war seine Brunftzeit; er war bereit, mit seinen mächtigen Hörnern alles in Livingston anzugreifen und zu zerstören; Und so fand ich den armen Kerl in einem Stall, warf einen Blick durch die halboffene Tür, wo sein Besitzer ihn im Dunkeln eingesperrt und gefesselt hatte, weg von seinen natürlichen Rechten auf Liebe und Krieg. Ich bemerkte seinen maltesischen Wintermantel, ich hörte seinen bedrohlichen Atem, ich sah den wilden, gefährlichen Glanz in seinen rollenden Augen; und das war mein Abschied vom Gefangenen.

Eine so gute Gelegenheit, einen lebenden Schafbock zu studieren, hatte ich nie wieder. Bei den anderen Gelegenheiten, bei denen ich mich ihnen überhaupt nähern konnte, war das Studium nicht mein Ziel, und die

Entfernung zwischen uns war größer; aber an einem späteren glücklichen Tag beobachtete ich fast einen ganzen Morgen lang ein Mutterschaf mit seinem Lamm.

Im Sommer 1885 hatten die Bergschafe, wie ich bereits sagte, die leicht zugänglichen Regionen in Wyoming noch nicht verlassen; und höchstwahrscheinlich war er in den meisten seiner alten Lieblingsorte immer noch in Verlegenheit. Die kleine Gruppe, die ich sah, befand sich nicht viele Meilen von einer der größten Ranches in diesem Land entfernt, und die Kreaturen standen in Sichtweite einer befahrenen Straße – zu dieser Zeit keine Etappenstraße, aber eine, die täglich von ihnen frequentiert werden konnte Menschen, die reiten oder fahren, die von Medicine Bow nach Norden in das riesige Viehland der Platte und des noch weiter dahinter liegenden Powder River bis zu den Bighorn Mountains fahren. Genau die Berge, die den Namen des Schafes tragen und einst so voller Schafe und aller anderen Großwildarten der Rocky Mountains waren, sind jetzt geplündert und leer. Hier und da versteckt, mögen einige noch existieren, aber als Flüchtlinge in einem Zufluchtsort, nicht als freie Bewohner der Wildnis. Ich sah, wie drei Jahre diese Veränderung brachten, die dreißig Jahre nicht gebracht hatten; und ich glaube, im Jahr 1888 hätte man auf der Straße von Medicine Bow nach Fetterman vergeblich nach Schafen gesucht. Ich fand sie in diesem Jahr nicht einmal einen Steinwurf von den einfachen Ebenen der Erde entfernt, sondern in großer Entfernung in der Luft.

Die Washakie Needle ist aufgrund ihrer Steilheit ein wahrhaft herzzerreißendes Land, und deshalb sind die Schafe dort. In ihr entspringen Owl Creek, Grey Bull und einige andere Gewässer, die dem Bighorn zufließen; und ich bin noch nie mit Packpferden an einen schlimmeren Ort gegangen. Einen schlimmeren Ort habe ich tatsächlich noch nie gesehen; obwohl man mir sagt, dass man sich dort, wo der Green River auf die Kontinentale Wasserscheide mündet (in klarer Sicht von der Washakie Needle über das dazwischenliegende Wind River-Land), wenn man es wünscht, verstricken und sich in Spalten und Schluchten verlieren kann, die die Berge in ein zerfetztes Labyrinth zerschneiden und zerschneiden. Vom Rand dieses felsigen Netzes trat ich ein Jahr später entmutigt zurück; und was vertikale Effekte angeht, ist die Washakie Needle, wie man so schön sagt, für mich immer noch „gut genug". Wir kämpften uns durch ein Land voller Absprungstellen dorthin, eine hohe, kahle, stachlige Bergkette, die gleich hinter der südöstlichen Ecke des Yellowstone-Parks aus mehreren Richtungen kommt, um sich zu treffen und sich zu diesem üppigen Gewirr aus Gipfeln, Felsvorsprüngen und Abhängen zu verbinden. So einen Ort hat man wirklich noch nie gesehen! Und meine Erinnerung daran ist durch ein Abenteuer mit einem Gewitter getrübt, das hier nicht aufgezeichnet werden kann, weil es an einem der Tage geschah, an denen wir Elche fanden, aber leider unsere Schafe verfehlten. Ein Schaf zu vermissen, muss ich sagen, ist von allen Vermissen das schlimmste, das ich kenne.

UNTER EINEM HEISSEN HIMMEL – (*Ovis nelsoni*)

Ermutigung, falsche Ermutigung, hatten wir schon nach unserer ersten Nacht im Lager am Washakie Needle erfahren. Am nächsten Abend gab es Wildlamm zum Abendessen. Jener erste Tag, Mittwoch, der 29. August, bescherte uns dieses süße Glück, süß nicht nur, weil es mehr versprach (denn das Land war offensichtlich voller Schafe), sondern fast ebenso, weil wir während unserer gefährlichen Reise kürzlich auf Speck gestoßen waren. Nun, als Jagdgesellschaft im August 1888 in den Shoshone Mountains zu sein und

Speck zu essen , war eine Demütigung; nur unsere beschwerliche Reise, die uns keine anderen Geschäfte erlaubte, konnte ein solches Speiseangebot entschuldigen; daher begrüßten unser Stolz und unsere Mägen dieses Wildlamm. Es gab nicht viel an ihm zu begrüßen: Er war ein junger Widder; und zu sechst, nach Speck … muss ich noch mehr sagen?

Bis zu diesem Absatz war es meine Absicht gewesen, das, was am nächsten Tag geschah, zu überspringen. Aber ich werde vertraulicher; Das sollen die Geständnisse eines schlechten Schützen sein. Ich habe in Büchern und Zeitschriften so viele Seiten gelesen, auf denen nur gute Schüsse abgefeuert wurden; Ich habe – gnädiger Himmel! – den Geschichten meiner Sportlerfreunde zugehört; Und, lieber Leser, es sei denn, Sie sind überhaupt nicht wie ich, Sie haben auch solche Seiten gelesen, auch solche Geschichten gehört, und Sie haben festgestellt, dass sich über diese Triumphe anderer Menschen eine Monotonie einschleicht – der haarsträubende Aufstieg, das Geräuschlose Annäherung, der Fernschuss, einhundert Yards, zweihundert, fünfhundert, mit nicht justiertem Visier, sondern nur geschätzter Höhe, und das unvermeidlich zielsichere Ergebnis; Und inmitten all dieser erstickenden Fähigkeiten haben Sie sich manchmal nach einem reinen, frischen Hauch des Scheiterns gesehnt – nicht wahr? Nun, auf jeden Fall werden Sie von mir lesen; und dafür gibt es neben der Vielfalt noch einen zweiten guten Grund; Sie könnten nicht besser die Bräuche der Bergschafe kennenlernen, die ich Ihnen, soweit ich sie kenne, zu erklären versuche.

Wir waren so dumm, an diesem üblen Morgen zu viert aufzubrechen; zwei Gruppen, das heißt, der Führer und der Geführte. Dabei bringt das nie etwas, und fast immer ist es ein Verlust. Die Aufmerksamkeit, die man eigentlich seiner Arbeit widmen sollte, wird durch Gespräche oder das Warten auf ein Mitglied der Gruppe, das zurückgeblieben ist, geteilt; und egal, wie still man sich verhält, vier Leute fallen im falschen Moment sicher auf; es ist besser, allein zu jagen, es sei denn, die Umstände erfordern, dass man zu zweit ist – steiles Gelände macht das ratsam –, aber auf keinen Fall sollte man zu viert auf Wild gehen, wie wir zwei Weißen und zwei Indianer es jetzt taten. Wir mühten uns und mühten uns, und schließlich waren wir auf dem Gipfel, anstatt am Fuße von etwas. Es war nicht mehr als ein nicht hoher Grat, der überall in unser eigenes Tal oder das nächste abfiel; aber wir hatten zwei schweißtreibende Stunden gebraucht, um allein hierher zu kommen, und hier erkannten unsere acht Augen Schafe, eine ganze Herde. Allerdings nicht, bevor die Schafe uns vier schlaue Jäger erkannt hatten. Das wussten wir damals nicht, denn sie blieben dort stehen, wo sie zu grasen schienen. Es war ein weiter Weg in gerader Linie durch die Luft, denn die Schafe waren kleine Punkte auf dem Berg; und es gab keine gerade Linie, auf der wir sie erreichen konnten. Wir mühten uns immer weiter hinunter zu einem neuen Fuß und hinauf zu einem neuen Hang und machten eine äußerst komplizierte

„Schleiche", duckten uns, blieben stehen und manövrierten im Allgemeinen zwischen Steinen, Kies und rauen Büscheln von Pflanzen hindurch; so kamen wir mit größter Vorsicht dorthin, wo die Schafe gewesen waren, und als wir unsere Köpfe hoben, sahen wir die Leere, die sie hinterlassen hatten, und wie sie uns vom äußersten Gipfel des Berges aus betrachteten. Ich bin sicher, Sie wissen, wie es sich anfühlt, wenn Ihr Fuß an der Stelle, an der Sie dachten, es sei der Fuß der Treppe, ins Leere tritt. Damit ist ein Keuchen von ganz besonderer Empfindung verbunden, und das ist es, was ich jetzt tat, gefolgt von der nicht weniger unangenehmen Rückschau auf mich selbst mit meinem halb gespannten Gewehr, wie ich vorsichtig einige Meter auf meinem Bauch kroch, während die Schafe mir dabei zusahen. Da waren sie auf dem Gipfel dieses neuen Berges, weit über uns, und wir vier Jäger gingen weiter , wie wir begonnen hatten. Ich habe vergessen zu erwähnen, dass wir neben unseren anderen Torheiten Pferde mitgebracht hatten. Tun Sie so etwas nie! Wenn Sie nicht gut genug trainiert sind, um Bergschafe auf Ihren eigenen Beinen zu jagen, warten Sie und klettern Sie ein paar Tage herum, bis Sie wieder zu Atem gekommen sind. Was mein Pferd an diesem kostbaren Tag für mich tat, war Folgendes: Unsere Hügel waren zu steil, als dass es mich hinauftragen konnte, also führte ich es; sie waren zu steil, als dass es mich hinuntertragen konnte, also führte ich es; und zwischendurch, als ich Schafe verfolgte, musste ich es natürlich zurücklassen und natürlich musste ich zurückgehen, um es zu holen, als die Pirsch vorbei war. Sie werden inzwischen nur noch eine mittelmäßige Meinung von meinem gesunden Menschenverstand haben; aber bedenken Sie bitte, dass die Shoshone-Indianer ausnahmslos mit Pferden jagen und dass ich damals noch zu sehr einer der „Geführten" war, um einem Indianer vorschreiben zu können, welchen Weg wir gehen und auf welche Weise wir jagen sollten. Diese gesamte Jagd von 1888, von den fernen Tetons und den Gewässern des Snake River bis hin zur Washakie Needle und Owl Creek, ist eine Geschichte des Kampfes zwischen uns und unseren rothäutigen Führern; wir fingen an, die Berge kennenzulernen, uns nach Erkundung zu sehnen, den *ungeschlagenen* Pfad auszuprobieren; und für einen Indianer (obwohl Sie es nie vermuten würden, bis Sie darunter leiden) ist der ungeschlagene Pfad derjenige, den er nie ausprobieren möchte und dem er alles tun wird, um zu entkommen – sogar dazu, Sie im Stich zu lassen und nach Hause zu gehen.

Wir Jäger machten uns jetzt an neue Anstrengungen, schwammen bald wieder vor Schweiß und konnten in ein drittes Tal hinabblicken, das den beiden ähnelte, die wir so mühsam verlassen hatten. Unten am Fuße dieser neuen Spalte in den Bergen floss ein kleiner Bach wie alle anderen, und dahinter wimmelte es endlos von den messerscharfen Schnittpunkten der Berge. Wir hatten unsere Schafe hinter einer kleinen Anhöhe entlang des Gipfels platziert, und zwischen dieser und uns lagen noch etwa dreihundert Meter. Wir waren natürlich weit oberhalb der Stelle, wo Bäume wuchsen, und der Boden war steinig mit niedrigem Bewuchs und ohne große Felsen in unmittelbarer Nähe; eine hohe, klumpige Weide aus Hügeln und Mulden, nass vom Schnee, der aber kürzlich geschmolzen war, oft von Hagel getroffen, nur selten von Regen. Weiter unten fiel dieses Weideland (das die Spitze aller Berge außer den höchsten und schroffsten bildete) in Schotterabhänge und steile Felsabhänge ab. Um näher an unsere Schafe heranzukommen, mussten wir, wie wir jetzt erkannten, einen Teil dieses Hügels hinabsteigen, den wir gerade hinaufgekommen waren; sie hielten Ausschau, beobachteten aber glücklicherweise die falsche Stelle, und wir setzten uns alle voller Stolz und Freude zu einer Beratung nieder. Die andere Seite des Hügels entpuppte sich plötzlich als ein Abgrund, ein richtiger Abgrund, der sich weit erstreckte und in einem Haufen sich bewegender Steine endete, dann noch ein oder zwei Sprünge machte und so das Wasser am entfernten Grund erreichte. Diese Seite war unser einziger möglicher Weg, und wir warfen noch einen Blick auf die Schafe. Sie hatten es aufgegeben, uns zu beobachten, und voller Freude machten wir uns schnell auf den Weg zu ihnen. Wir hatten den Boden für unseren Weg so geschickt gewählt, dass wir durch eine Reihe kleiner Erhebungen und Senken abgeschirmt waren, die zwischen uns und den Schafen lagen. Diesmal, dieses Mal durften wir nicht hinaufkriechen, um ein Vakuum zu finden, und durften nicht den Kopf heben, um zu entdecken, dass die fortgegangenen Schafe uns aus der Vogelperspektive betrachteten! Was die Herzen der anderen Jäger taten, weiß ich nicht, aber mein Herz klopfte vor rachsüchtiger Freude, als wir geduckt zwischen den kleinen dazwischenliegenden Mulden dahinjagten, vollkommen verborgen vor den Schafen, und uns ihnen schließlich näherten. Nur noch eine Anhöhe und eine Mulde lagen zwischen uns und der Stelle, wo sie weideten; und über diese Anhöhe eilten wir geradewegs in den Schoß von etwa zwanzig Schafen, von denen wir nichts gewusst hatten; sie lagen alle da. Sie hatten auch nichts von uns gewusst; die Überraschung war gegenseitig. Überall um mich herum sah ich sie aufstehen, als ob sie wie ein Mann wären, und über den Abgrund stürzten. Verwirrung überkam mich wie eine Flut; alle meine Sinne verschmolzen zu einem verschwommenen Wahrnehmungskuchen, in dem ich nur Hinterbeine und Hüpfen wahrnahm. Furchterregende Worte strömten aus mir heraus, aber ich hörte nicht, was sie waren; alles war ein Wirbel und ein Durcheinander von Menschen und Schafen. Keiner von uns Jägern hatte sein Gewehr oder seinen Verstand bereit. Wir rannten wahllos zum Rand, und da waren die Schafe, die über die Steine rannten, rutschten, sprangen und verschwanden. Und jetzt, plötzlich, als es überhaupt keinen Zweck mehr hatte, fiel uns ein, dass wir Gewehre dabei hatten, und wie ein Chor in einer komischen Oper standen wir auf der Bergkuppe, betätigten zielstrebig die Hebel und feuerten unsere Winchesters ins Leere.

Es ist alles fünfzehn Jahre her; doch während ich mein unermüdliches Lagertagebuch durchlese, erröte ich trotz des Lachens; Es ist heiße Arbeit, der Wahrheit ins Gesicht zu sehen! Und jetzt kommt der letzte schwache Knall des Lächerlichen. Wir drehten den Kopf und sahen die Schafe, für die wir gekommen waren, die Schafe, für die wir zwei Berge bestiegen hatten, die Schafe, an die wir uns schließlich bis auf hundert Meter genähert hatten, und verschwanden einfach über einem letzten Bergrücken, der so weit entfernt war, dass nur noch sie übrig blieben keine Farbe und nur eine Dimension – Länge. Sie sahen aus wie eine Handvoll Zahnstocher. Sie waren natürlich nicht untätig gewesen, während wir so beschäftigt waren; Während wir unseren Kopf verloren, hatten sie ihren behalten; Und während unseres kurzen Feuergefechts – die ganze absurde Angelegenheit hätte nicht länger als drei Minuten gedauert haben können – hatten sie zwischen uns ein so langes Auf und Ab hin und her getrieben, dass nicht mehr daran zu denken war, ihnen noch mehr nachzujagen.

Wir standen auf dem leeren Gipfel des Berges und hatten unseren Tag ruiniert. Nirgendwo war ein lebendes Tier zu sehen. Diejenigen, die ins Tal gesprungen waren, hatten sich zwischen den Kiefern verirrt und waren unwiederbringlich vor uns gewarnt. Wir hatten hier oben so schnell gejagt, dass ein großer Kreis von Schafen unsere Nähe gekannt haben musste. Warum hatten wir das getan? Aus genau demselben Grund, aus dem eine Reihe mutiger Menschen am Bull Run plötzlich davonliefen, als wäre ihnen das Verderben auf den Fersen. Überraschung, nehme ich an, ist die Ursache der unerklärlichsten menschlichen Taten. Und wenn Sie sich fragen, warum unsere beiden Indianer überrascht waren, kann ich nur mit einer Theorie antworten, dass Indianer, die zu Pferd jagen, wenig über Bergschafe wissen. Antilopen, Hirsche, Weißwedelhirsche und Schwarzwild und sogar Elche können und werden ständig von den Indianern gejagt; aber wenn es darum geht, dorthin zu klettern, wo die Pferde nicht hinkommen, vermute ich, dass sein Reiter auch selten dorthin kommt. Rückblickend erkenne ich jetzt, dass die ganze Exkursion unwissentlich durchgeführt wurde und dass unsere Führer (beide ausgezeichnete Jäger anderer Wildarten) das allererste Prinzip vernachlässigt haben, nämlich auf die Berggipfel zu gelangen und dort zu jagen.

Wir machten uns auf den langen Weg zurück zum Lager, und der Elch, den einer von uns bei Sonnenuntergang erschoss, konnte unsere melancholische Farce nicht wettmachen. Mein Tagebuch kommt zu dem Schluss: „So endete Donnerstag, der 30. August, ein äußerst lehrreicher Tag voller Wetter, Wind und Erfahrung.“

Als wir frühstückten, waren wir einigermaßen ertragen und nutzten die Tatsache aus, dass es sich bei den Schafen, die wir gesehen hatten, schließlich nur um Mutterschafe und Lämmer handelte. Das hätte uns allerdings nicht dazu veranlasst, sie zu verschonen; Als wir sie sahen, hatten wir kein frisches Fleisch mehr; Und obwohl der Kopf und die Hörner eines Mutterschafs keine edle Trophäe für den Sportler darstellen, repräsentieren sie harte Arbeit und sind entschieden besser als gar nichts, wenn man ein Anfänger und hungrig ist.

Wir wählten einen anderen Kurs und steuerten auf die Berge auf der Talseite gegenüber der gestrigen Route zu. Mein Indianer hatte keine Hoffnung. „Zu viel Schießen", bemerkte er. "Renn weg." Aber bald passierten wir sehr frische Pfade und begannen einen dieser Anstiege, bei denen man immer sicher sein kann, dass der nächste Gipfel der wahre Gipfel ist. Wir waren auf der Suche nach dem Schaf zu einer Zeit, in der er hauptsächlich auf dem Dach seines Hauses lebt. Zusammen mit der Ziege bewohnt er, so kann man sagen, das höchste Haus aller unserer Wiederkäuer; Tatsächlich kann man den ganzen Fall so formulieren:

Unsere Rocky Mountains sind ein vierstöckiges Gebäude. Im unteren Stockwerk wachsen Salbeisträucher und Pappeln, im zweiten Stock Kiefern und Zitterpappeln, im dritten Weidenbüsche, Feuchtwiesen und Moränen und im vierten kahle Felsen und Schneefelder. Das Haus beginnt etwa 5.000 Fuß hoch und reicht bis 14.000 Fuß. Mit den Präriehunden und anderen Tieren, die im Keller leben, haben wir nichts zu tun; das Erdgeschoss gehört der Antilope, und auch dem Weißwedelhirsch, der allerdings ein wenig ins zweite Stockwerk hineinkommt. Elche, Schwarzwedelhirsche und Maultierhirsche haben das zweite und dritte Stockwerk gemeinsam, während das vierte das ausschließliche Territorium der Schafe und Ziegen ist. Aber hier liegt der Unterschied: Letztere (die Schafe jedenfalls) steigen in alle anderen Stockwerke hinab, wenn die Jahreszeit es erfordert oder die Laune ihnen passt; sie gehen vom Dach bis zum Boden, während die anderen Tiere, außer wenn sie gejagt werden, selten oberhalb oder unterhalb ihrer zugewiesenen Etagen anzutreffen sind. Ich habe im Juli am Wind River, wo der Wüstenbeifuß wuchs, ein Schaf getroffen und ein anderes auf einem bewaldeten Vorgebirge direkt über Jackson's Lake.

An diesem Tag gingen wir über eine Treppe, die einem Schaf am Herzen liegt, in die vierte Etage. Ich stieg durch eine unheimliche Domäne hinauf, in der um mich herum kleine Säulen aus runden Steinen standen, die in Schlamm zusammengebacken und an den Enden gepflanzt waren und von denen jede einen einzelnen Stein in einer anderen Farbe trug, der quer auf ihnen angebracht war. Im Zeitalter der Hexen hätten sie wie Pfeile der Nekromantie ausgesehen, Altäre, die nachts brennen konnten, während kleine, nackte Wesen mit Zähnen Riten über dem zerschmetterten Körper des Reisenden abhielten, denn von den Füßen hier rollten die kleinen Steine nach rechts und links Unsichtbar in die Tiefe gelassen. Wer es noch nicht gesehen hat, kann sich nicht vorstellen, dass diese Mauerwerke der Natur hier und da in den Rocky Mountains nicht auf das Werk von Menschen, sondern auf Dämonen hindeuten. Stille breitete sich um mich aus, als ich durch das unheimliche Zwerg-Stonehenge nach oben ging. und oben sahen wir auf der anderen Seite auf einen grauen Baumstumpf hinunter, der sich plötzlich bewegte. Die Brille zeigte uns die Beine und die feinen, gewundenen Hörner des Stumpfes; und unsere Herzen, die schon seit einiger Zeit wegen des Pechs schwer waren, wurden leichter. Nur, wie kommt man an ihn heran?

ÜBERRASCHT (Weißes Schaf – *Ovis dalli*)

Wir hatten das Spiel fast aufgegeben, als wir den Widder erspähten; wir waren so lange so weit gekommen; und nun saßen wir auf – fast rittlings auf – diesem äußersten Grat, während der Indianer von Zeit zu Zeit kläglich wiederholte: „Keine Schafe." Der Widder ahnte nichts von uns und legte sich bald in der Sonne nahe dem Grund einer felsigen Schlucht nieder. Die ganze Schlucht konnten wir nicht sehen, nicht einmal, als wir eine Seite des Berges hinabgekrochen waren, eine endlose Oberfläche aus rollenden Steinen mit spärlichen Grasflecken und gelegentlich einem festen Felsen. Dieser Abstieg schien die bisher anstrengendste Anstrengung zu sein. Es war fast immer (und manchmal völlig) unmöglich, einen Fuß oder eine Hand zu bewegen oder auch nur einen Bruchteil meines Gewichts zu verlagern, ohne einen plätschernden Strom von Steinen auszulösen, die kicherten und hüpften und Geräusche machten, während sie nach unten flossen und schließlich in einen felsigen Abgrund stürzten, der hohles Brüllen ausstieß. Ich war oft sicher, dass diese Geräusche den Widder erreichen mussten; aber sie waren sozusagen nur neben ihm und durch die schräge Bergwand getrennt, die seine Schlucht von der trennte, an deren Seite ich mich so langsam vorarbeitete. Ich glaube nicht, dass die gesamte Entfernung mehr als 300 Meter betragen konnte; dennoch brauchte ich fast dreißig Minuten, um sie mit Hilfe der Grasbüschel und aller anderen Hilfsmittel zu bewältigen, die in diesem gleitenden Meer aus Steinen in Reichweite kamen. Endlich kam ich dort an, wo ich hinwollte, und etwas wirklich Schlimmes geschah: Ich bekam „Bockfieber"! Es hinderte mich nicht daran, endlich einen Schuss abzugeben; aber hier ist das ganze Abenteuer.

Ich richtete mich auf und schaute über den Rand in die nächste Schlucht. Da war der Widder, der mich im selben Moment sah und aufstand. Ich habe ihn wahrscheinlich vermisst; denn nach meinem Schuss ging er gemächlich weiter auf mich zu, keine fünfzig Meter entfernt, glaube ich, unten in seiner Schlucht. Ob ich noch einmal auf ihn geschossen habe oder nicht, ich *kann mich nicht erinnern* – ich konnte mich nicht an den gleichen Abend erinnern, als ich versuchte, das ganze Ereignis getreu in meinem Tagebuch festzuhalten! Das Buck-Fieber ist nicht der einzige Grund für diese Unsicherheit; denn jetzt ragten hinter jedem Felsen unter mir Hörner empor wie aus einer Falltür, Erscheinungen von Hörnern überall, eine Invasion von Bergschafen. Sie kamen direkt auf mich zu – das war das Aufregendste an der ganzen Sache. Ich sah keinen einzigen, der die Schlucht hinunterrannte; Sie hatten mich nicht erkannt oder irgendetwas erkannt, außer dass irgendein Lärm sie gestört hatte. Sie kamen auf und ab um mich herum, kamen an mir vorbei, kamen und gingen stetig über den Berg, während mein Bockfieber tobte. „Ich sah ihre großen ernsten Augen und die unterschiedlichen Schattierungen ihrer Haare und bemerkte, wie sich ihre Hufe bewegten – aber ob sie schnell oder langsam vorbeikamen oder wie viele es waren, kann ich mich überhaupt nicht erinnern." Das sind die eigentlichen Worte, die ich nicht mehr als sechs Stunden später schrieb, und ich bin froh, diese tiefgreifende Aufzeichnung dieses Tages und meines vergangenen

Geisteszustandes zu besitzen; denn mit der größten Ehrlichkeit der Welt kann kein Mensch aus dem Gedächtnis allein das winzige Gebäude der Wahrheit wieder aufbauen, das von dem Haufen von fünfzehn Jahren bedeckt wurde. So stand ich, verrückt und unfähig, auf den Bergen, und nach einer Weile waren keine Schafe mehr da. Ein Fünkchen bewussten Handelns blieb mir im Gedächtnis, nämlich dass ich mich während des Durchgangs der Schafe ausreichend unter Kontrolle gehalten hatte, um nacheinander „eine Perle“ auf die Breitseite von zwei zu bekommen; Ich erinnere mich, dass ich ihnen einen Moment lang mit meinem Gewehr folgte, bevor ich den Abzug drückte. Aber diese habe ich nie wieder gesehen und weiß nicht, wo ich sie getroffen habe – wenn ich sie getroffen habe, dann habe ich sie getroffen. Für diesen Tag gibt es noch eine Trophäe zu zeigen. Ein Widder, der irgendwann während der Invasion erschossen worden war, kehrte in die Schlucht zurück, in der ich mich befand, und blieb in geringer Entfernung über mir stehen; und dann gelang es mir, einen Schuss dort zu platzieren, wo ich ihn hinhaben wollte.

Die Visionen dieser Herde, als sie sich nach der Überquerung meiner Schlucht in Zweier- und Dreiergruppen zerstreute, lassen mich vermuten, dass es zwischen fünfzehn und zwanzig gewesen sein müssen – alles Widder. Ihr Geschlecht ist ganz sicher; der intensivste Eindruck, den meine ungespannten Wahrnehmungen hinterließen, waren ihre riesigen gebogenen Hörner und ihre ernsten Augen. Es ist schrecklich, daran zu denken, dass einige von ihnen verletzt waren und deshalb hinkten oder starben; und ich bin dankbar, dass ich nur sehr wenige Erinnerungen an mutwilliges Schießen habe und einige tröstende Erinnerungen an widerstandene Versuchungen. Diese Widder entkamen den wahllosen Schüssen meines Gewehrs größtenteils; dessen bin ich mir sicher. Ich sah sie, hoch und niedrig, nah und fern, wie sie über die steilen Bergrücken in Sicherheit huschten oder in unsichtbare Schluchten hinab; und als wir die Umgebung sofort absuchten, fanden wir nur eine einzige Blutspur. Was das Bockfieber betrifft, so war es der erste Anfall, den ich je hatte, und es sollte sich als der letzte erweisen. Warum er in den Jahren zuvor aushielt und mich 1888 überfiel, wer kann das sagen? Sie werden sich genauso wie ich darüber wundern, dass mich im Juli 1887 kein Silberspitzenbär auch nur im Geringsten berührte. Ein Bär ist ein wichtigeres Wild als ein Schaf; dieser Grizzly war der erste, den ich je gesehen hatte, und ich war weniger erfahren. Erregbarkeit ist eine Frage des Temperaments, die unendlich unterschiedlich ist; aber das erklärt kaum, warum in einem Jahr, als ich einen Bären zu erlegen hatte, keine Gurke cooler sein konnte als ich und warum ich im nächsten Jahr, als ich diese Widder erlegte, ein nutzloser Idiot zu sein scheine. Das unerwartete Auftauchen so vieler Tiere ist keine Erklärung dafür, denn als ich mich aufrichtete, um über den Bergkamm zu blicken, bevor ich meinen ersten Schuss abgab, der sie in Sicht brachte, zitterte ich schrecklich.

Diese Vorgänge haben unseren Appetit jedenfalls nicht beeinträchtigt. Wir waren mit dem Geschmack von Elch, Hirsch, Antilope, Bär und sogar Stachelschwein vertraut; aber wildes Hammelfleisch war immer noch eine große Neuheit und wir fanden es am schmackhaftesten von allen. Ich sage „wir fanden es" und nicht „es war", denn ich fand einen Teigklumpen, der mit einem Schwamm um einen Blechteller voller Speckfett geschwämmt war, so köstlich! Die Romantik des Wilds vermischt sich so sehr mit seinem Geschmack, dass wir ein Wildsteak mit Salbung und Respekt tranchieren. Dennoch bin ich fast zu der Überzeugung gelangt, dass unser guter alter Freund Roastbeef schmackhafter ist als alles, was wir im Wald finden können. Wenn es Ihnen nur um den Genuss des Essens geht, machen Sie jeden Tag einen schönen Spaziergang im Park oder auch nur in der Stadt rauf und runter, und das Fleisch aus Ihrer Küche (wenn Sie mit einer Küche gesegnet sind) wird allem Fleisch im Lager überlegen sein.

Wenn ich zurückblicke, bin ich mir sicherer denn je, dass unsere Indianer nicht viel mehr über die Gewohnheiten der Bergschafe wussten als wir selbst und dass sie ebenso wenig nachdachten wie wir. Was hatten wir am Tag zuvor erlebt? Wir waren auf Herden von Schafen und Lämmern gestoßen. Wenn die Frauen und Kinder im August so allein unterwegs waren, war es nicht weit hergeholt, zu dem Schluss zu kommen, dass die Männer sich woanders Gesellschaft leisten mussten. Als wir den Widder unten in der Schlucht beim Sonnenbaden erspähten, hätten wir versuchen sollen, festzustellen, ob er allein war oder nicht. Der Naturgeschichte zufolge sind Ovis *canadensis* sowie viele andere Wiederkäuer im Sommer nach Geschlechtern getrennt, und die Chancen stehen gut, dass ein Schaf, wenn man einem begegnet, nicht weit von einem anderen entfernt ist, und man sollte einen Widder besser nicht als Einzelgänger annehmen, bis seine individuellen Gewohnheiten bewiesen sind. Sie werden Schafe und Widder wahrscheinlich nicht vor der Brunftzeit [14] im Dezember zusammen antreffen. Ich habe in einem oder mehreren Büchern gelesen, dass die Lämmer im März geboren werden, aber ich glaube, das ist ein etwas früher Zeitpunkt, oder vielmehr, dass viele im April kommen und es kaum richtig ist, ihre Saison auf einen einzigen Monat zu beschränken. Die Lämmer folgen von ihrer Geburt bis in den Spätherbst ihren fürsorglichen Müttern – sie werden tatsächlich ein halbes Jahr lang aufgezogen. Und ich hatte eines Tages im September 1896 das einzigartige Glück, eine Mutter mit ihrem Kind sogar noch länger beobachten zu können, als ich den Widder in Livingston beobachtete.

Die Tetons liegen südlich des Yellowstone Parks und direkt an der Grenze zwischen Wyoming und Idaho. Jede neuere Karte könnte den Eindruck erwecken, dass diese Geographie unzutreffend ist, denn meines Wissens nach reicht eine späte Erweiterung des Holzreservats bis unter diese Berge und umfasst höchstwahrscheinlich sowohl diese als auch Jackson's Lake mit dem gesamten Stück Land östlich bis zur Kontinentalscheide . Von allen Orten in den Rocky Mountains, die ich kenne, ist es der schönste; und da es zu hoch liegt, als dass der Mensch darin bauen und gedeihen könnte, sollten seine Bäume und Gewässer vor der unverantwortlichen Zerstörung durch den Menschen bewahrt werden; Diese Wälder versorgen das große Flusssystem Columbia und Snake. Aber laut der aktuellen Karte war ich ein Wilderer. Im Jahr 1896 verlief die Linie jedoch einige Meilen nördlich von mir; und am Tag bevor ich das Mutterschaf und das Lamm sah, hatte ich ein Mutterschaf erschossen. Ich glaube, es wird als unsportlich angesehen, dies zu tun; Allerdings habe ich noch nie einen Sportler gesehen, der nicht fröhlich ein Mutterschaf in eine leere Speisekammer mit nach Hause bringen würde. Unsere Speisekammer war leer, sogar voller Fisch, der reichlich vorhanden gewesen war, bis wir hier hinauf in die Tetons geklettert waren, wo die Bäche zu klein für Fische waren.

Mein Ziel an diesem zweiten Tag war, wenn ich konnte, einen Widder zu finden; Und es war eine dieser (meiner Erfahrung nach leider seltenen) Gelegenheiten, bei denen, wenn man von einem Wunsch enttäuscht wird, etwas tatsächlich Besseres von den Göttern herabsteigt und Trost bringt. Es war ein Anstieg, der weniger streng war als die, über die ich bereits geschrieben habe, denn unser Lager bei den Tetons befand sich in der Nähe des vierten Stockwerks; Ich schätze, weniger als tausend Fuß über unserem Zelt war der Berg kahl. Von hier aus war es nicht mehr weit, bis es schneite.

Als ich Mutter und Kind zum ersten Mal sah, befand ich sie bereits in einer großen Benachteiligung; sie waren zwar dort, wo ich sie nicht erwartet hatte, aber ich war dort, wo sie mich nicht erwartet hatten; und so wurde ich mir ihrer weit unter mir bewusst, dass sie tatsächlich über den Pfad, den ich selbst gekommen war, auf mich zukamen. Sie müssen verstehen, dass mit „Trail" hier nicht ein Weg gemeint ist, der von Menschen oder gar von Wild geschlagen wird, sondern einfach die angenehmste Art, diesen Teil des Berges zu erklimmen. Die Mutter hatte ihr Kind zu einem Besuch im dritten Stockwerk mitgenommen, war in den Kiefernwäldern und auf offenen Plätzen gewesen, wo Bäche flossen und Gras mit verschiedenen Blumenarten und reifen Beeren wuchs; und nun kehrte sie in die Höhen ihrer ganz besonderen Welt zurück. Schade um meine Kamera! es lag unwiederbringlich im Lager. Ich legte mein nutzloses Gewehr nieder, denn von mir sollte keinem dieser Leben Schaden zugefügt werden; und mit dem Zweitbesten einer Kamera – meinem Feldstecher – bereitete ich mich auf eine möglichst ausführliche und gründliche Untersuchung dieser Familie vor. Aber ein Feldstecher ist in einem solchen Fall nur die dürftige Zweitbeste; Ein paar Bilder von dieser Dame und ihrem Nachwuchs „zu Hause" hätten Ihnen mehr gesagt, als meine Worte zu vermitteln hoffen.

Ich habe noch nie Menschen gesehen, die es weniger eilig hatten. Von Anfang bis Ende behandelten sie den ganzen Berg, wie man an einem faulen Morgen zwischen den regulären Mahlzeiten seine Bibliothek behandeln würde (das Esszimmer wäre vielleicht näher dran). Keine wohlhabende Matrone, die ihre Hausarbeit erledigt hatte, hätte gelassener aus dem Fenster schauen können, als dieses Schaf ihre Umgebung überblickte. Die beiden waren jetzt an einem Ort angekommen, der ihrer Meinung nach für einen Aufenthalt geeignet war. „Ihre" Meinung ist nicht richtig; es war, wie ich bald unmissverständlich erkannte, die Mama, die – weit mehr als die durchschnittliche amerikanische Mutter, wie amerikanische Mütter heute sind – entschied, was gut und richtig für ihr Kind war. Dieses Lamm wurde so streng erzogen, als wäre es ein englisches. Sie hatten gerade einen ziemlich langen und ununterbrochenen Aufstieg hinter sich – also hatte ich es jedenfalls vorher gefunden. Diese obere Region des Berges erhob sich über dem Baumgürtel in drei gut markierten Terrassen, die von äußerst symmetrischen Felswänden gesäumt waren. Jede Terrasse bildete eine ziemlich ebene und ziemlich breite Plattform, auf der man gerne eine Weile verweilte, bevor man die Schräge zur nächsten Terrassenmauer hinaufstieg. Ich saß am Rand der obersten Terrasse, einem Boden aus Steinen und Gras und sehr dichten kleinen Fichten- und Wacholderbüschen; die Mama hatte gerade die Terrasse direkt unter mir erreicht und war hinter ihr die Mauer hinaufgeklettert und hatte das kleine Lamm hochgeklettert, mit (ich war abgelenkt, als ich es bemerkte) fast ebenso viel Mühe, wie ich selbst an dieser Stelle gehabt hatte. Die Mama wusste viel mehr über das Klettern als das Lamm und ich.

Das Sattelschaf (*Ovis fannini*)

Dort stand dieses Paar in voller Sicht einige hundert Fuß – ungefähr dreihundert, würde ich meinen – unter mir; und hier saß ich ganz entspannt, wie jemand, der über einen gemütlichen Balkon blickt, und beobachtete sie durch mein Glas. Es war eine gewisse Heiterkeit bei dem Gedanken, wie anders das Verhalten der Mutter gewesen wäre, wenn ihr bewusst geworden wäre, dass sie, ihr Kind und ihre Privatsphäre alle in der Gegenwart einer Person waren, die sich Notizen machte. Aber sie wurde sich dessen die ganze Zeit über nie bewusst, und ich saß als Zeuge einer häuslichen Stunde voller Disziplin, Ermutigung und Belehrung da. Das Glas brachte sie in eine Nähe, die einem Blick durchs Schlüsselloch nicht unähnlich war; ich konnte die Farbe ihrer Augen sehen. Der Ausdruck der Dame hätte leicht als kritisch durchgehen können. Nachdem sie einen Blick über die Terrasse geworfen hatte, war ihr Verhalten gegenüber dem Lamm ziemlich ähnlich, als würde sie sagen: „Ja, hier gibt es keine unanständigen Personen; du kannst herumspielen, wenn du willst.“

So etwas passierte zwischen ihnen, denn nachdem sie gewartet hatte, bis das zappelnde Lamm sie auf die gleiche Höhe gebracht und neben ihr gestanden hatte, schien sie es aus ihren Gedanken zu verbannen. Sie ging über die Terrasse, graste ein wenig, ging ein wenig, blieb stehen und genoss den schönen Tag, während ihr gutes Kind sich allein amüsierte. Ich fürchtete nur eines: dass der Wind launisch zu wehen beginnen und mit seinen Nasen warnen könnte, dass ein heidnischer Fremder in der Nähe war. Aber der angenehme Wind wehte sanft und unveränderlich über die Höhen der Berge. Ich habe nichts im Freien mehr genossen, als auf der Terrasse zu sitzen und diese Geschöpfe zu beobachten, deren unschuldiges Blut meine Hände nicht vergießen würden.

Nach einer angemessenen Zeit der Entspannung entschied die Mutter, dass es Zeit sei, weiterzugehen. Ihre Handlung war nicht zufällig, davon bin ich überzeugt. Wie sie es machte, wie sie dem Lamm zu verstehen gab, dass sie hier nicht länger anhalten könnten, weiß ich nicht. Ich weiß jedoch, dass sie nicht einfach nur hinaufwanderte, im Vertrauen darauf, dass das Lamm ihr folgen würde; denn bald (wie ich beschreiben werde) ließ sie das Lamm ganz bestimmt zurückbleiben. Sie begann nun, den Hügel direkt auf mich zuzusteigen, nicht schnell, aber stetig, und wartete ab und zu, genau wie andere Eltern warten, darauf, dass ihr Kleinkind sie einholte. Hier und da gab es Büsche mit dichtem, steifem Laub, durch die sie leicht ging, die aber zu viele für das Kleinkind waren. Das Lamm geriet manchmal in die Mitte eines dieser Büsche und konnte sich nicht durchdrängen; nach ein oder zwei kleinen Anstrengungen zog es sich zurück und ging einen anderen Weg, und dann sah ich, wie es sich beeilte, dorthin zu kommen, wo seine Mutter wartete. Bei einer dieser Gelegenheiten empfing die Mutter es auf eine Art, die beinahe zu sagen schien: „Meine Güte, in deinem Alter habe ich mit so etwas keine Probleme!" Sie kamen allmählich so nah an mich heran, dass ich meine Brille weglegte. Es gab eine Zeit, da waren sie keine fünfzig Fuß unter mir und ich konnte ihre kleinen Schritte hören; und einmal nieste das Schaf auf ganz natürliche Weise. Während ich mich fragte, was in aller Welt sie tun würden, wenn sie auf der Terrasse in meinen Schoß traten, sah das Schaf einen Weg, der ihr besser gefiel. Wäre sie, während ich sie beobachtete, nach links gegangen und so auf meine Höhe gekommen, hätte mich der Wind unfehlbar verraten; aber sie drehte sich in die andere Richtung und lief unter der Terrassenmauer entlang zu einem Büschel, das hoch genug war, um dem Lamm schwere Arbeit zu machen. Während sie dies tat, eilte ich zu einer neuen Position. Dort, wo ich gesessen hatte, musste sie mich sehen, sobald sie zwanzig Fuß höher kletterte, und ich suchte dementsprechend nach einem geeigneten Unterschlupf und fand ihn in einem Büschel immergrüner Pflanzen. Sie gelangte zur Mauer, von wo aus sie einen Sprung machen konnte. Das ging blitzschnell und ähnelte nicht dem, was eine wohlhabende Matrone vollbringen könnte; aber als sie einmal oben war, war sie wieder eine vollkommene Matrone. Sie musterte das neue Gelände kritisch und zunächst mit offensichtlicher Befriedigung. Ich setzte mir das Fernglas vor die Augen und sah, dass ihre geschlossenen Lippen den ganz milden Ausdruck einer Dame hatten, den ich kenne, wenn sie ein Zimmer betreten hat, um Besuch zu machen, und findet, dass Tapete und Möbel im Großen und Ganzen ein günstiges Licht auf die Dame des Hauses werfen. Unterdessen sprang das arme kleine Lamm vergeblich gegen die Mauer; der Sprung war zu hoch für es. Seine Vorderhufe streiften gerade die Kante, und es purzelte zurück, um es erneut zu versuchen. Schließlich blökte es; aber die Mutter fand, dass dies nicht der richtige Moment für Nachsicht war. Sie schenkte dem Hilferuf nicht die geringste Beachtung. Der Ort war nicht gefährlich, es war keine unangemessene Anstrengung erforderlich, über die Mauer zu kommen; und durch ihre eigenen Vorgehensweisen, ob man sie nun als Gedanken oder Instinkt bezeichnet, überließ sie es ihrem Kind, sich einer der natürlichen Schwierigkeiten des Lebens zu stellen und so Selbständigkeit zu erlangen.

Halten Sie das für phantasievoll? Das liegt daran, dass Sie nicht ausreichend über solche Dinge nachgedacht haben. Die Mutter hat zweifellos nicht die Worte „Selbstständigkeit" oder „natürliche Schwierigkeiten des Lebens" verwendet; aber wenn sie nicht das Schafsäquivalent für das hätte, was diese Worte bedeuten, wäre ihre Art schon vor langer Zeit von der Erde verschwunden. Das Bergschaf ist ein Meister der Selbsterhaltung; sein Auge ist zehnmal schärfer als das des Menschen, weil es so sein muss, und auch sein Fuß ist zehn- oder zwanzigmal beweglicher; jeder Sinn ist bis zu einer extremen Wachsamkeit entwickelt. Es schätzt den Halt besser ein als wir, weil es vor Gefahren fliehen musste, die uns nicht bedrohen. Dass der mütterliche Instinkt (den diese Mütter behalten, bis ihre Jungen sich selbst versorgen können) in einer so unmittelbaren Angelegenheit wie den Bedürfnissen ihrer Jungen, das Klettern zu verstehen, versagen sollte, ist eine noch unvernünftigere Vorstellung, als dass es diesem Punkt ständig Aufmerksamkeit schenken sollte. Doch besser als alles Gerede von mir wird der nächste Schritt des Schafes zeigen, wie sehr es diesen Berg im Hinblick auf seinen Nachwuchs erklommen hat.

Das Lamm hatte geblökt und kein Zeichen von sich gegeben. Es blieb stehen oder bewegte sich ein paar Meter weiter in meine Richtung. Das bedeutete, dass es einen ganz sanften Abhang hinaufkam und dass es nach weiteren dreißig Metern bei meinem immergrünen Busch landen würde. Es kam näher als dreißig Meter und blieb abrupt stehen. Plötzlich hatte es das Aussehen meines immergrünen Busches nicht mehr gemocht. Hinter ihr auf der einen Seite erhob sich der letzte steile Anstieg des Berges, immer kahler und kahler von allem Gewächs bis zu seinem steinigen, unsichtbaren Gipfel, den eine Kurve des letzten Grates vor dem Blick verbarg. Hinter ihr, den ruhigen Abhang der Terrasse hinunter, war die Mauer, wo sie das Lamm zurückgelassen hatte. Sie ging jetzt ein paar steife Schritte zurück und behielt den immergrünen Busch im Auge. Ihre Unsicherheit darüber und die damenhafte Zurückhaltung ihrer geschlossenen Lippen ließen mich vor Lachen ersticken. Ein wildes Tier zu erwischen, das einen (wie wir es nennen) rein menschlichen Vorgang durchmachte, war für mich immer eine wunderbare Erfahrung; und von jetzt an bis zum Ende war der Weg dieses Schafes so menschlich wie möglich. Ich war in den letzten Minuten so damit beschäftigt gewesen, sie zu beobachten, dass ich das Lamm vergessen hatte. Das Lamm war irgendwie die Mauer hochgekommen und näherte sich. Seine Mutter drehte sich jetzt um und eilte mäßig den Abhang hinunter zu ihm. Was zwischen ihnen gesagt wurde, weiß ich nicht; aber das Kind kam nicht weiter in meine misstrauische Richtung; es blieb zwischen einigen kleinen Büschen zurück, und die Mutter kam zurück, um mein Versteck zu untersuchen. Sie sah mich direkt an, direkt in meine Augen, wie es schien, und ihre Neugier und Unentschlossenheit ließen mich wieder vor Lachen ersticken. Sie kam noch näher als zuvor. Wie viel sie von mir sah, kann ich nicht sagen, aber wahrscheinlich mein Haar und meine Stirn; sie kam jedenfalls zu dem Schluss, dass dies kein geeigneter Ort war. Sie drehte sich um, wie ich es schon bei Damen gesehen habe, die sich von einem Raucherauto abwenden, und suchte ohne Eile wieder ihr Kind. Wie sie ihren nächsten Schritt bewerkstelligte, übersteigt mein Verständnis; ich stellte mir vor, dass ich jeden Fuß des Berganstiegs in meiner Nähe voll im Blick hatte. Aber das war nicht der Fall. Völlig unerwartet bemerkte ich die beiden nun, wie sie über den Grat über mir trabten, und zwischen uns war bereits zwei- oder dreimal so viel Abstand wie eben. Hätte ich ihnen folgen wollen, wäre es sinnlos gewesen, und ich hatte genug gesehen. Als ich bereit war, machte ich mich selbst auf den Weg zum Gipfel. Die Seite, die ich bisher hinaufgekommen war, war die Südseite, und ein wenig weiter klettern brachte mich über den schmalen Grat nach Norden, wo ich bald durch lange Schneefelder lief. Quer vor mir verliefen die Spuren der Mutter und ihres Lamms, des weisen und sanften Führers mit dem kleinen Novizen, der die Berge und ihre Gefahren kennenlernte; über diese Felder folgte ich ihnen mehrere Meilen lang, da mein Weg zufällig ihrer war. Zweifellos haben sie mich manchmal gesehen, aber ich habe sie nie wieder gesehen. Ich hoffe, ihnen ist nie etwas zugestoßen; denn ich stelle mir gern vor, dass diese beiden, diese Angehörigen einer unschuldigen und bezaubernden Rasse, die wir auslöschen, von unserem Lärm und unserer Zerstörung unberührt bleiben und gelassen in der Freiheit leben, die zwischen den höchsten Gipfeln ihrer Einsamkeit herrscht.

AMERIKANISCHES BIGHORN

(OVIS CANADENSIS [15])

Das Dickhornschaf des amerikanischen Kontinents, einschließlich seiner lokalen Rassen (die häufig als eigene Arten angesehen werden), ist ein großes Schaf, das sich vom asiatischen Argalis unter anderem durch die verhältnismäßig glatte Beschaffenheit der Hörner unterscheidet, bei denen der äußere Vorderwinkel hervorsteht und der innere abgerundet ist, und auch durch die kleinere Größe der Gesichtsdrüsen. Auf der Bürzel befindet sich ein gut erkennbarer weißlicher Fleck, aber die Menge an Weiß an der Unterseite und den Beinen weist erhebliche lokale Unterschiede auf. Bei der typischen Rocky-Mountain-Rasse (*O. canadensis typica*) sind die Ohren lang und spitz und kurz behaart, und die Hörner sind sehr schwer, divergieren nur wenig nach außen und haben im Allgemeinen gebrochene Spitzen. Das kalifornische *O. canadensis nelsoni ist eine blassere südliche Rasse. Beim O. canadensis stonei der Nordwest-Territorien* hingegen ist die Rückenfarbe sehr dunkel und das Weiß an Bauch und Beinen scharf abgegrenzt. Und sowohl bei dieser Rasse als auch beim hellen *O. canadensis dalli* aus Alaska sind die Hörner heller, weiter auseinander und spitzer, während die Ohren dazu neigen, kürzer, stumpfer und haariger zu werden. Schulterhöhe ca. 3 Fuß 2 Zoll; Gewicht ca. 350 Pfund.

Die Hörner der Mutterschafe sind im Vergleich zu denen der Widder sehr klein und messen in der Kurve von der Basis bis zur Spitze selten mehr als 15 Zoll. Große männliche Hörner sind heutzutage schwer zu bekommen, und in den letzten Jahren kommt es selten vor, dass die Hörner frisch getöteter Exemplare eine Länge von mehr als 38 Zoll auf der Krümmung von Spitze zu Spitze aufweisen. Amerikanische Sportler sind bestrebt, Hörner mit großem Grundumfang zu erhalten; aber diese überschreiten, wie aus der folgenden Tabelle hervorgeht, selten 16 Zoll. Der Maclaine von Lochbuie besitzt ein Exemplar, dessen Umfang nach seiner eigenen Messung 19 Zoll beträgt.

Verteilung. – Nordamerika, von den Rocky Mountains südwärts bis Sonora, Nordmexiko und Kalifornien und nordwärts bis Alaska und den Küsten des Beringmeeres. Zumindest für einen Teil des Jahres ist das Rennen in Alaska schneeweiß.

Länge an der vorderen Kurve	Umfang	Spitze zu Spitze	Lokalität	Eigentümer
— 52½	18 ½	..	Die Selkirks, BC, 1885	WF Sheard
—45	..	..	?	W. Grant Mackay
— 42½	16 ¼	25¾	Niederkalifornien	George H. Gould
42	16	(Spitzen stark abgenutzt)	Wyoming	Aufgenommen von TWH Clarke
..	17 ¼	..	Wyoming	TWH Clarke
— 41½	15	..	Kootenay, BC	Gemessen von John Fannin, Provincial Museum, BC
— 40¾	16 ½	..	Yellowstone	Britisches Museum
40¼	15 ¼	20¼	?	Sir Edmund G. Loder, Bart.
—40	15 ¼	..	Rocky Mountains	Otho Shaw
40	15	21½	Britisch-Kolumbien	JWR Jung
39⅝	15 ⅜	..	Colorado	St. George Littledale
39½	16 ½	24¾	Montana	Britisches Museum
39½	15 ½	19	?	Sir Edmund G. Loder, Bart.

—39	15 ¾	..	?	WA Baillie-Grohman
38⅜	15 ½	22	?	Gerald Buxton
38¼	16 ⅜	..	Bighorn-Berge	H. Seton-Karr
38¼	15 ¼	19¼	Montana	Edmund Littledale
38¼	16	19	NW-Territorien	S. Ratcliff
38	17	..	Alberta, NWT	Arnold Pike
38	15	..	Britisch-Kolumbien	Kapitän F. Cookson
—38	16 ½	..	Britisch-Kolumbien	Major CC Ellis
37¾	15 ⅞	23⅜	Mexiko	JAH Dürre
— 37¾	16 ¼	22½	Britisch-Kolumbien	JO Shields
37¼	15 ½	16	Britisch-Kolumbien	J. Turner-Turner
—37	16	31	Wyoming	TWH Clarke
37	16 ¼	..	Montana	Major Maitland Kirwan
37	16 ⅝	16	Britisch-Kolumbien	RH Venables Kyrke
37	15 ½	18½	Wyoming	Lord Rodney
36¾	19	15	Britisch-Kolumbien	CH Kennard
36¾	15 ¼	22½	Wyoming	Moreton Frewen
36½	14 ½	..	Wyoming	Gerald Buxton
36½	16	..	?	Thomas Bate

36½	14	..	?	JD Cobbold
36¼	14 ³⁄₈	18½	?	Gerald Buxton
36	14 ³⁄₄	16½	Montana	RH Sawyer
36	15 ½	..	Alberta, NWT	Arnold Pike
36	14 ³⁄₄	16	Wyoming	Hauptmann G. Dalrymple White
— 35⅞	14 ³⁄₄	17½	Wyoming	Graf E. Hoyos
35¾	15 ¼	18½	Britisch-Kolumbien	G. Wrey
35¾	13 ³⁄₄	17½	Britisch-Kolumbien	Hon. S. Tollemache
35½	16	21	Britisch-Kolumbien	TP Kempson
35¼	12 ¼	16	Kalifornien	Sir Victor Brookes Coll.
35¼	15 ¼	18½	Britisch-Kolumbien	Sir Peter Walker, Bart.
35	14	18½	Britisch-Kolumbien	Admiral Sir Michael Culme-Seymour, Bart.
—35	15	19¾	Wyoming	Graf Schiebler
35	14	16	Wyoming	Gerald Hardy
34½	14 ³⁄₄	19	Südost-Montana	JA Jameson
34½	14 ½	..	Kalifornien	GP Fitzgerald
—34	16	17	Nordwest-Wyoming	A. Rogers
34	16 ¼	20	Grenze zu British Columbia	Barclay Bonthron

33½	15 ¼	..	Britisch-Kolumbien	Admiral Sir Michael Culme-Seymour, Bart.
33	15 ⅜	18	Britisch-Kolumbien	Hauptmann EG Verschoyle
33	14 ¾	24½	Wyoming	Oberstleutnant . Hon. W. Cola
33	14 ½	22	?	FHB Ellis
33	14	23	Britisch-Kolumbien	TP Kempson
33	15 ½	22	Britisch-Kolumbien	AE-Butter
32¾	15 ½	17½	?	CGR Lee
— 32½	14 ⅝	19½	Fraser River, BC	AE Leatham
32½	15	17½	Niederkalifornien	G. Barnardiston
32	15 ¼	19½	Britisch-Kolumbien	JW Wood, Jr.
32	14 ¾	17¼	Yellowstone-Fluss	Britisches Museum
31½	14 ½	17½	NW-Territorium	Maj. Algernon Heber-Percy
31	17 ½	..	Grand Encampment, Wyoming.	Frank Cooper
—31	13	22	Britisch-Kolumbien	T. E. Buckley
30¾	15	23	?	Hon. Walter Rothschild
30½	15 ¾	etwa 17½	Niederkalifornien	Ely Quilter

30½	15½	18	Wyoming	JL Scarlett
— 30½	14	15½	Wyoming	Hugh Peel
30	15¼	14	Alberta, NWT	FC Williamson
	Dickhornschaf aus Alaska (*Ovis canadensis dalli*)
34	12⅝	18⅛	Alaska	Rowland Ward
33	12¾	15	Alaska	Hon. Walter Rothschild
32½	13¼	20½	Alaska	JT Studley, British Museum
♀9⅛	4⅞	8	Alaska	Britisches Museum

Die weiße Ziege und ihre Wege

Von Owen Wister

ÜBER DER HOLZGRENZE

Wenn Sie diese seltsame und viel diskutierte Kreatur mit eigenen Augen betrachten möchten, befindet sie sich (um nur einige seiner Gebiete zu nennen) in der Saw Tooth Range in Idaho und zwischen den Gipfeln nördlich des Lake Chelan, den Flüssen Okanogan und Methow , alle drei in Washington und auch auf vielen Bergen nahe der Küste in British Columbia, wo man ihn fast sicher finden wird, wenn man hoch und fest genug klettert; und Sie würden ihn heute, am 20. April 1903, mit absoluter Sicherheit im Zoologischen Garten von Philadelphia finden. Aber es kann sein, dass die Sommerhitze Philadelphias seine Existenz dort beendet haben wird, wenn Sie dies lesen. und dies ist der einzige Ort in unserem Land (oder in irgendeinem anderen Land, in dem wir gerade schreiben), wo er in Gefangenschaft ist. Über seinen natürlichen Lebensraum und die interessanten Fragen, die er aufwirft, werde ich gleich sprechen; Lassen Sie mich die Frage nach seiner Art, die nun endlich als *Oreamnus montanus* bekannt ist, sofort ablehnen .

Er ist überhaupt keine Ziege. Wir haben uns angewöhnt, auf Englisch so von ihm zu sprechen, weil er dort, wo er lebt, seit vielen Jahren so genannt wird; aber er ist eine Antilope, und sein nächster Verwandter ist die Gämse, deren ganz eigentümliche Art zu gehen sein eigener Gang sehr ähnelt. Ich habe die Gämse nie gejagt, aber ich habe oft die eigentümliche gebeugte und trotzige Bewegung der Ziege beobachtet, wenn sie mit gesenktem Kopf (man könnte meinen, sie sei für einen Angriff) langsam und schwerfällig ihren gewählten schwindelerregenden Pfad aus Fels und Schnee entlanggeht. Er ist eine Bergantilope; und seine verschiedenen lateinischen Namen und die Verwirrung, sowohl im Volksmund als auch in der Wissenschaft, der er während des größten Teils des 19. Jahrhunderts ausgesetzt war, sind merkwürdige und interessante Dinge. In zoologischer Hinsicht war er zweifellos ein Auswanderer, der vom gefrorenen Asien ins gefrorene Amerika über jene große alte Aleuten-Landenge zwischen zwei gefrorenen Ozeanen gewandert war, die bis dahin durch die Beringstraße noch nicht miteinander verbunden waren. Durch andere Neuankömmlinge ersetzte er die ursprünglichen Bewohner des Landes, das amerikanische Nashorn und eine Reihe anderer alter Bewohner, denen das Klima nicht mehr zusagte. Nachdem sie weit oben im Norden auf unserem Kontinent gelandet waren, verbreiteten sich Ziegen und Schafe weit; die Ziegen jedoch nicht halb so weit wie die Schafe. Je mehr wir diese ähnlichen Geschöpfe vergleichen, desto merkwürdiger erscheinen ihre Gegensätze.

Wenn sie Mitreisende und Zwillingsankömmlinge waren und gemeinsam über die Aleuten-Brücke kamen, lag das entweder daran, dass es nur eine Brücke gab und beide diese benutzen mussten, oder sie fielen unterwegs ab und gelangten nicht weiter hierher Gesprächsthemen. Ich neige zur ersten Hypothese: Sie mussten denselben Weg benutzen, weil es nur einen gab. Schafe und Ziegen scheinen mir kein gutes Verhältnis zu haben. Ich würde diese Beobachtung nicht wagen, wenn sie allein auf meiner individuellen Erfahrung beruhen würde. Was mir bei meinen Campingplätzen nach und nach aufgefallen ist, ist Folgendes: Schafe und Ziegen findet man nicht auf demselben Hügel wie Elche und Hirsche im selben Wald. Wenn man bedenkt, dass beide Tiere steile Stellen mögen, wie Felsen, wie sehr hohe Felsen; und auch, dass ihre jeweiligen Lebensräume in bestimmten Regionen zusammenfallen – zum Beispiel in British Columbia und in Washington, und ich denke, man könnte fairerweise hinzufügen, in Idaho –, wage ich keineswegs die pauschale Behauptung aufzustellen, die Schafe und Ziegen haben wurden nie gefunden oder werden nie gefunden, wenn sie sich auf derselben Weide aufhalten; Ich weiß das nicht, und wir alle wissen, dass Negative schwer zu beweisen sind. Aber ich habe hoch oben in Washington campiert, überall gibt es Ziegen in Hülle und Fülle, und das ganze Land sieht genau wie ein Schafland aus, aber nirgendwo war ein Zeichen eines Schafes zu sehen. Die Leute sagten: „Da drüben gibt es jede Menge Schafe" und zeigten auf einige deutlich sichtbare Höhen. Und als nächstes kamen Leute aus einer Entfernung von nicht einmal dreißig Meilen, die Schafe gesehen und getötet hatten. Es war der gleiche Breitengrad, die gleiche Höhe, die gleiche Jahreszeit, alles war gleich. Was ist daraus zu ziehen? Dass es ein Zufallsjahr war und in den paar Wochen, in denen ich dort war, einfach so passiert ist? Dies ist die Schlussfolgerung, die Sie ziehen könnten, wie ich es damals getan habe; und du würdest dich irren, so wie ich es damals getan habe. Denn sechs Jahre später kehrte ich dorthin zurück, und das war immer noch so und war es inzwischen auch gewesen, nur dass Ziegen und Schafe und alle wilden Tiere, wo auch immer ihr gewählter Aufenthaltsort war, immer seltener und scheuer wurden und sich dem näherten Auslöschung, die wir allen hilflosen Dingen antun, die nicht unserem eigenen Wohlbefinden und Überleben dienen. In diesen Jahren hatte ich Schafe in einem Land gejagt, in dem es für alle Welt so aussah, als würde jeden Moment eine Ziege um die Ecke kommen. Aber keine Ziege hat es jemals getan; Und doch, wenn ich diese Berge hinuntergeritten wäre und über eine Ebene im Westen und die allerersten Berge hinaufgeritten wäre, die mir damals begegnet wären, hätte es so viele Ziegen gegeben, wie ich wollte, und nicht (mir wurde gesagt).) ein einzelnes Schaf!

Als ich über diese Dinge nachdachte, begann ich mich zu fragen, ob eine bestimmte Art von Nahrung (das Klima konnte es absolut nicht sein) die Ursache für diese Trennung war. Gab es vielleicht ein kleines Kraut, das eine Ziege haben muss und ein Schaf nicht mag? Nun, wenn das so ist, hat mir bisher kein Botaniker seinen Namen genannt; andererseits habe ich erst kürzlich von einem Jäger gehört, der in einigen Bergen von British Columbia jagte, wo Schafe und Ziegen gleichermaßen leicht zu finden waren, und dessen Erfahrung der meinen ähnelte, nur ausgeprägter und bedeutsamer. Er hatte auf einem Berg gestanden, auf dem es Ziegen gab, und auf einen benachbarten Berg geblickt, auf dem er deutlich Schafe sehen konnte. Jetzt gab es auf seinem Berg kein einziges Schaf; er musste auf dem anderen Berg nach ihnen suchen; aber dort drüben musste er keine Ziegen erwarten. Er fand dies vor und man versicherte ihm, dass es immer so sei: Die Tiere schienen sich nicht gegenseitig in ihr Territorium einzudringen.

Diese wenigen Tatsachen, die ich hier gesammelt habe, scheinen mir einer Aufzeichnung wert und vielleicht ausreichend, um eine Vermutung zu rechtfertigen; aber unzureichend für eine Behauptung. Bis andere ihrerseits ähnliche Beobachtungen hinzugefügt haben, würde ich keine Regel aufstellen, dass eine chronische Feindseligkeit *Ovis* und *Oreamnus trennt* . Vielleicht wurde eine solche Regel aufgestellt, aber wenn sie irgendwo abgedruckt ist, habe ich sie nicht getroffen; Ich hatte auch nicht das Glück (nach Durchsicht der Bücher), irgendwelche Berichte über Ziegen zu finden, die im Wesentlichen das ergänzen, was Audubon bereits gesagt hat; und das ist etwas dürftig. Es gibt viele Bilder, viel besser als seine altmodischen Platten, aber weitere fundierte Informationen sind ungewöhnlich rar. Selbst die neuesten und offiziellsten Behörden geben Ihnen diese Informationen nicht, wenn Sie ihre Seiten durch eine intime Suche nach umfassenden und eindeutigen Informationen testen.

Wenn meine Vermutung stimmt und Schafe und Ziegen oft in einem gespannten Verhältnis zueinander stehen, können wir, glaube ich, mit Sicherheit sagen, wer von beiden die Sache geregelt hat. Ich wage die Vermutung, dass die Ziege das Schaf im Zweikampf vernichten konnte, bevor das Schaf sich voll bewusst war, was ihm zugestoßen war. Jäger können sich eine solche Begegnung vorstellen, die wahrscheinlich kurz, aber großartig wäre. Das tapfere alte Schaf würde stehen, zielen, zum Angriff bereit sein und in die Luft springen, in der Erwartung, seine Stirn und seine gebogenen Hörner gegen das Gesicht und die Hörner der Ziege zu schleudern. Aber die Ziege – ach! Das ist nicht die Art der Ziege. Es wäre so schnell passiert, dass man es nicht erkennen könnte; aber da würde der arme Widder liegen, aufgeschlitzt. Die Ziege tut nichts so Malerischeres und Unpraktisches wie in die Luft zu springen. Sie senkt ihren mürrischen Kopf, ein geschickter Stoß und Rückschlag mit ihren tödlich scharfen Hörnern, und die Sache ist erledigt. Und die Ziege sieht auch so aus. Sein Aussehen sagt sofort, dass man sich vor ihm in Acht nehmen sollte, wenn man zufällig ein Widder mit schönen, nutzlosen Hörnern ist – nutzlos, das heißt gegen jegliches Gerät, wie es eine Ziege trägt. Eines Tages stand ich da und beobachtete einen schönen Ziegenbock – *Oreamnus* . Das weniger auffällige Tier lag im Schatten auf ebenem Boden und schlief. Der Ziegenbock aber saß zusammengekauert auf der Spitze einer aufgetürmten Felspyramide. Dieses 1901 in Gefangenschaft genommene Paar war im Zoologischen Garten von Philadelphia, wo es gewachsen und gediehen ist, sich aber nicht vermehrt hat. Der Ziegenbock zeigt sein furchterregendes Wesen; kein Fremder darf sich ihm nähern; er würde sie im Handumdrehen ausweiden; sogar sein Wärter muss auf der Hut sein. Auf der Spitze seines Steinhaufens saß der Gefangene, zusammengekauert, wie ich bereits sagte, und trotz seiner Reglosigkeit aufsässig und gesenkten Hauptes. Sein Auge hatte jenen Blick, der wilden Tieren so wunderbar in Erinnerung bleibt, die von den großen freien Naturräumen, die ihnen gehören, gefangen gehalten werden, deren Geburtsrecht eine Freiheit ist, die nicht die Größe eines Spatzen oder Rotkehlchens hat, sondern eine kolossale Freiheit, die Weite der ursprünglichen Welt, wo es weder Zäune noch Gesetze gibt. Unser wunderbar konventioneller Verstand kennt diesen Blick in den Augen des Löwen und des Adlers, weil die Dichter unsere Aufmerksamkeit darauf gelenkt und schöne Dinge darüber gesagt haben; aber wenn Sie die ungewöhnliche Gabe besitzen, Ihre eigenen Beobachtungen anzustellen, werden Sie ihn bei vielen anderen Tieren finden, darunter auch bei bestimmten Menschentypen. Und was diese Ziege betrifft, so könnte keine Ziege, die auf einem Felsen in Harlem sitzt, so starren wie er; er hätte auf dem Gipfel der Cascade Mountains sitzen können, riesige Abgründe überblicken und (möglicherweise) darüber nachdenken können, wie bereichernd es wäre, einen Widder auszuweiden.

Als ich ihn beobachtete, kam mir wieder ein seltsamer Gedanke: Wie asiatisch er aussah, aus irgendeinem unbekannten Grund! Ich erinnere mich, dass ich dasselbe gedacht habe, als ich vor elf Jahren meine erste Ziege geschossen hatte. Asiatisch? Ja; und ich kann überhaupt nicht erklären, warum, es sei denn, man hat Bilder von Tieren gesehen, die aus Ländern wie Tibet stammen und eine gewisse Ähnlichkeit mit dem *Oreamnus aufweisen*. Ich weiß, dass mich kein anderes unserer westlichen Großspiele auf diese Weise beeindruckt; Büffel, Elche, Hirsche, Antilopen, Schafe – all dies schien mir immer einheimisch zu sein und zu unserem nordamerikanischen Boden zu gehören. Aber diese Ziege ist eine Gestalt, deren Begegnung mich in den Schlupfwinkeln meiner eigenen Sprache überrascht; seine Redewendung sollte mongolisch sein!

Er ist weiß, ganz weiß und zottelig und doppelt so groß wie jede Ziege, die Sie jemals gesehen haben. Sein weißes Haar hängt lang über ihn herab, wie das eines Spitzhundes oder einer Angorakatze; aber es ist steif und grob, nicht seidig, und vor der zottigen weißen Masse sieht die Schwärze seiner Hufe, Hörner und Nase besonders schwarz aus. Seine Beine sind dick, sein Hals ist dick, alles an ihm ist dick, bis auf seine dünnen schwarzen Hörner. Sie sind im Allgemeinen etwa 15 cm lang, breiten sich ganz leicht aus und sind leicht nach hinten gebogen. An ihrer Basis sind sie etwas rau, aber wenn sie sich erheben, werden sie zylindrisch glatter und verjüngen sich zu einer hässlichen Spitze. Seine Hufe sind schwer, breit und stumpf. Die Spur, die sie hinterlassen, ist riesig und genau das Gegenteil der Spur der Schafe; Es ist ein großes V, das nach hinten zeigt. Die Schafsspur ist ebenfalls ein V, zeigt aber nach vorne. Seine ungeschickt aussehenden Hufe und seine dicken, offenbar unhandlichen Beine lassen darauf schließen, dass diese Ziege am besten auf gleicher Höhe bleiben sollte, als würde sie selten ohne Unfall auch nur zwei Stufen einer Veranda hinaufsteigen; Eine Reihe von Beinen und

Hufen könnte für einen Bergsteiger kaum von scheinbar geringerem Nutzen sein. So sollte ich zumindest argumentieren und an die verschiedenen scharfen Apparate erinnern, die wir selbst brauchen. Man sieht nicht, wie diese schweren Tiere springen und sich festhalten können. Aber lassen Sie mich einige Sätze aus meinem Jagdtagebuch vom November 1892 unkorrigiert transkribieren, die ich nach einem Tag der Jagd auf die Ziege in leichtfertigem Stil mit Bleistift geschrieben habe.

„Sie ... wählten zum Hinlegen Stellen, an denen es am einfachsten war, herunterzufallen. ... Die einzelnen Spuren, die wir passiert haben, wählten immer die schiefe Ebene, wo sie die Wahl zwischen dieser und der Ebene hatten. ... Ich nehme an, dass diese Tiere manchmal fallen müssen, obwohl sie einen hervorstehenden Hornabsatz an ihrem Huf haben, der wunderbar an ihre vertikalen Gewohnheiten angepasst ist. Aber wenn sie fallen, amüsiert es sie wahrscheinlich. Ihr Haar ist undurchdringlicher als jedes andere Haar, das ich je gesehen habe, und darunter ist die Haut dicker als die eines Büffels. Wenn sie zusammen Spiele spielen, dann wahrscheinlich, um sich gegenseitig über einen Abgrund zu stoßen, und die Ziege, die am längsten braucht, um wieder hinaufzulaufen, verliert das Spiel.“

Aus diesen Zeilen können Sie ersehen, welche Welle der Verbitterung zwischen ihnen herrschte. Ich erinnere mich noch sehr gut an diesen harten, aber erfolgreichen Tag. Er lieferte einige Fakten über Größe und Gewicht usw., die alle an Ort und Stelle aufgezeichnet wurden und einige interessante Einzelheiten liefern, die man gut wissen sollte.

Zunächst einmal ist da dieser „hervorstehende Hornabsatz“ am Huf der Ziege. Wir können uns nicht vorstellen, wie sie es schafft, so ein kleines Ding (nicht mehr als einen Viertelzoll) sein Gewicht zu tragen. Sie wiegt zwischen 180 und 300 Pfund. An jenem Tag auf dem Gipfel der Cascade Mountains hatte ich keine Möglichkeit, festzustellen, wie viel das Biest, das ich erlegt hatte, wog, aber für uns zwei war es eine ziemliche Last, ihn zu bewegen. Sein Fell (nicht das Haar, sondern das Leder) an seinem Hinterteil war so dick wie die Sohle meines Stiefels. Mein Stiefel war zum Bergsteigen gemacht, und die Sohle war mit Schuhnägeln besetzt; das Fell war so dick wie eine solche Sohle, und wenn man es mit Dingen im Lager verglich, deren Gewicht wir kannten – wie Mehl- und Zuckersäcke – wog es allein dreißig Pfund! Außer dem Kopf und dem Fell trugen wir auch das Talggewebe nach Hause, und dieses war drei Viertelzoll dick. Jäger wissen, was für eine reichliche Versorgung dies bei Tieren bedeutet, die viel größer sind als die Ziege. Dieses Exemplar war, wie mir mein freundlichster Führer sagte, von guter, aber nicht überragender Größe. Wir nahmen nichts von dem Fleisch mit nach Hause. Das Fleisch der ausgewachsenen Ziege kann man nicht mit großem Vergnügen essen; aber später, um eine vollständige Sammlung von Exemplaren zu haben, erlegte ich ein Zicklein; dessen Fleisch aßen wir mit voller Zufriedenheit zu unserem Thanksgiving-Dinner. Und das bringt mich zum nächsten Punkt.

„Diese Wildziegen", heißt es in meinem Tagebuch, „sind doppelt so groß und größer als gewöhnliche Ziegen, und wenn ihre Häute so sauber und schneeweiß gehalten würden, wie sie von Natur aus sind, wären sie ein prächtig aussehendes Tier."

Dies wurde zwei Wochen bevor ich eines untersuchen konnte, das tatsächlich schneeweiß war; Und als ich in letzter Zeit die Bücher durchgesehen habe, um herauszufinden, was sie zu sagen haben, was mein unvollkommenes Wissen ergänzen könnte, bin ich mehr als einmal auf die Aussage gestoßen, dass die Ziege nicht reinweiß ist, sondern einen Hauch von Gelb oder einer anderen Schattierung hat , hier und da, das trübt seinen gesamten Glanz. Das halte ich für einen Fehler. Es ist möglich, dass das Alter der weißen Ziege ein paar dunkle Haare verleiht. Aber ich möchte mir dessen sehr sicher sein, bevor ich es behaupte. Die Summe meiner Erfahrungen ist, dass ich zuerst einige offensichtlich alte Ziegenböcke getötet habe (sie waren allein unterwegs und nicht mehr bei der Herde), und von diesen waren die Mäntel schmuddelig; dass ich bald einen deutlich jüngeren Ziegenbock gefunden habe (er war leichter und seine Hörner und Hufe zeigten weniger Abnutzung), und sein Fell war makellos; und dass ich schließlich fand, dass das Fell eines im selben Jahr geborenen Kindes ebenso makellos war. Was ist die Schlussfolgerung – fast die Schlussfolgerung? Ist es nicht so, dass bei den älteren Ziegen die Farbe eine Verfärbung war, die auf äußere Ursachen zurückzuführen war? dass die Ziege von Natur aus vollkommen weiß ist; und dass die Bücher weiterhin einen ursprünglichen Fehler reproduzieren, der daraus resultierte, dass einige Schriftsteller nur Ziegen gesehen hatten, die verwittert waren? Oh, die Reproduktion des Fehlers! Die Art und Weise, wie die ungenaue Aussage eines Mannes vom nächsten Mann schlicht kopiert wird und sich auf Schritt und Tritt einer Überprüfung entzieht! Warum sollten sie das tun, diese kleinen Wissenschaftler? Denn die Großen tun das nie. Die Großen überprüfen es, oder wenn sie an einer Wissenslücke stoßen, sagen sie einem offen, dass sie es nicht wissen. Sie kleben kein Stück Papier über das Loch und tun so, als wäre darunter alles fest. Aber die kleinen Exemplare – die beliebte Zeitschriftengröße – sind unentwegt Klebepapier. Und warum? Weil sie keine Angst davor haben, entdeckt zu werden. Sie wissen, wie wenige ihrer Leser die Löcher entdecken und ihre Finger durch das Papier stecken können. Glauben Sie mir nicht, lieber Leser? Weist Ihr gütiges Herz diese Verleumdung mit Leidenschaft zurück? Vielleicht wissen Sie zum Beispiel nicht, wie einige kleine Schriftsteller den Namen eines bekannten Sankt-Lorenz-Fisches aus zwei französischen Wörtern ableiten: *masque allongée* . Ich würde es Ihnen erzählen, nur habe ich ihren lächerlichen Fehler nicht selbst entdeckt; aber hier ist ein Loch, wo ich zufällig meinen eigenen Finger durch das Papier gesteckt habe. Zehn Jahre lang habe ich jede offizielle Karte von Wyoming genutzt, die ich bekommen konnte. Zunächst handelte es sich um ein Territorium, dann um einen Staat, doch die Kartographen zeichneten den Pacific Creek weiterhin so ein, dass er in Buffalo Fork mündete. Heute ist Pacific Creek eine Durchgangsstraße zwischen den beiden Seiten der Kontinentalscheide und mündet nicht in den Buffalo Fork, sondern in den Snake River. Es war ein wirklich schlimmer geografischer Fehler. Irgendein ursprünglicher Kartenzeichner hatte seine Karte auf Hörensagen oder Vermutungen gezeichnet, war nicht den Bach hinuntergegangen, um sich selbst davon zu überzeugen, und alle seine Nachfolger gaben getreulich seine Unwissenheit wieder. Die Leute, die es besser wussten, waren lediglich Indianer, Goldsucher, Cowboys oder streunende Jäger wie ich. Wir haben nicht gezählt; *das* wurde nicht herausgefunden!

Da Pacific Creek mit Sicherheit falsch ist, wie wäre es dann mit Atlantic Creek, Thoroughfare und vielen anderen? Verliefen diese auch offiziell in die eine und tatsächlich in die andere Richtung? Wie konnte ich sicher sein, bis ich Berge überquert und sie für mich gefunden hatte? Und wie sollte es Ihnen, lieber Leser, gefallen, in einem Land, in dem Indianer, Bären und Schneestürme vorherrschten, zu solchen Karten verdammt zu sein? Sie werden sich kaum wundern, dass ich auf diesen Karten das gleiche verhaltene Vertrauen aufbaute, das ich heute auf Bücher setze, die mir sagen, dass die Ziege nicht unbedingt weiß ist oder dass sie in den Rocky Mountains lebt. Sie könnten gut viele hundert Meilen der Rocky Mountains absuchen, wo noch nie eine Ziege gesehen wurde, in denen aber Schafe schon seit Menschengedenken verkehren. Hier zeigt sich erneut der Kontrast zwischen den beiden: Da sie über denselben Weg von Kamtschatka aus gekommen sind, stimmen ihre Verbreitungsgebiete auf diesem Kontinent nur teilweise überein, und selbst dort, wo beide Tiere in derselben Zone ansässig sind und gedeihen, sind ihre Standorte innerhalb dieser Zone so willkürlich voneinander getrennt um selbst die Erklärung zu verwirren, dass das eine das andere vertreibt.

Es scheint, dass sie gleichermaßen Kälte ertragen können; beide sind in Alaska zu finden, wie man aufgrund der Art ihrer Auswanderung erwarten könnte. Und beginnend mit Alaska (eine Autorität, R. Lydekker, „The Royal Natural History", London, 1898, die beste Autorität, die ich in Bezug auf Kohärenz und Vollständigkeit gefunden habe, nennt den 64. Breitengrad als nördliche Grenze) finden wir, je weiter wir nach Süden kommen, Ziegen und Schafe gleichermaßen in großer Zahl verteilt. Aber nur über eine gewisse Distanz. Wenn der Nordwesten so klar wie ein Bild vor Ihrem geistigen Auge ist, können Sie sich daran erinnern, wie im hohen Norden die Cascades und Rockies ineinander übergehen und wie sie sich, wenn wir durch British

Columbia auf unseren Boden kommen, allmählich trennen und auseinanderfallen, sodass, wenn sie den Breitengrad von Portland, Oregon erreichen, ein weites, flaches Gebiet zwischen ihnen liegt. Beide sind landeinwärts geneigt; aber während die Cascades nur einige hundertsechzig Meilen von der Pazifikküste entfernt sind, liegen die Rockies weit drüben in Idaho und Montana und gehen immer weiter auseinander, bis sie im heißen Sand der Mesquite und der Yucca versinken. In Arizona, zum Beispiel im Colorado Canyon, finden wir das Schaf noch immer und können es noch weiter unten im Nordwesten Mexikos finden. Aber keine Ziege ist so weit südlich. Die Ziege hält mehr als tausend Meilen nördlich an. Es scheint also klar, dass Ziegen und Schafe in gleicher Kälte leben, aber nicht in gleicher Hitze.

Wo genau bleibt die Ziege stehen? Das ist etwas, was Ihnen kein Buch (das ich gesehen habe) sagen wird. Das Londoner Buch, das ich bereits zitiert habe, nennt den 40. Breitengrad als südliche Grenze seines Lebensraums. Das liegt wesentlich weiter südlich, als ich jemals von ihm gehört habe. Mein Wissen über ihn reicht nicht weiter südlich als bis zur Saw Tooth Range in Idaho. Diese scharfen Bergrücken speisen das Quellwasser des Salmon River und befinden sich im südlichen zentralen Teil des Bundesstaates. Und ich neige dazu, im Gegensatz zu Herrn Lydekker, aber unterstützt von Herrn Arthur Brown, zu sagen, dass das Saw Tooth- und Salmon River-Land in Idaho etwa in der südöstlichen Ecke der Ziegenprovinz liegt. Um streunende und zufällige Menschen zu retten, ist es unwahrscheinlich, dass Sie ihn jenseits dieses Punktes im Süden oder Osten finden. Ich habe noch nie mit einem Jäger gesprochen, der ihn in Wyoming gesehen hat, obwohl es in Wyoming hier und da eine Art Ziegentradition zu geben scheint (und hier möchte ich noch einmal meine eigene Erfahrung mit Mr. Brown bekräftigen). Dieser Mythos ist freilich höchst sublimiert. Man hört nicht, dass sich früher einmal eine Ziege auf diesem oder jenem bestimmten Berg befand, oder dass dieser und jener einen Mann sah, der eine Ziege sah, oder dessen Frau oder Onkel eine sah; es kommt dir nie so nahe; Dennoch schwebt noch immer schwach in der Luft der Kontinentalscheide dieses vage Gerücht über das Tier.

Wenn er jemals seinen Wohnsitz in Wyoming hatte, wer soll dann sagen, warum er weggezogen ist? Warum befindet er sich heute nicht auf der Washakie Needle oder in dem schroffen Land, wo der Green River mündet, oder unter den beeindruckenden Tetons, da er sich heute nur etwas weiter westlich der Tetons, in der Saw Tooth Range, befindet? Und warum, wenn der Mensch (oder das Schaf) ihn von diesen Gipfeln in Wyoming vertrieben hat, ist er dann nicht auch von den Gipfeln von Idaho vertrieben worden? Ein Unterschied weder in der Hitze noch in der Kälte noch in der Feuchtigkeit noch in der Zugänglichkeit kann die Erklärung sein, denn es gibt keinen Unterschied; und was den Unterschied in der Ernährung betrifft, so finde ich auf den Seiten der Behörden keinen Hinweis darauf.

„Was sie im Winter essen, ist ein Rätsel. Aber es müssen die kleinen Moosbüschel sein, die oben an den Rändern der steilen Felsen wachsen, wo der Schnee nicht liegen kann. Sie steigen nie in die Täler hinab, wie es die Bergschafe tun, wenn der Schnee hoch oben liegt."

Dies ist keine Quelle, sondern nur wieder mein Lagernotizbuch; und die Aussage, dass die Ziege nie wie die Schafe vom Schnee auf tiefer gelegene Weiden getrieben wird, ist nur der allgemeine Bericht über sie, den ich von den Bewohnern – den Goldsuchern, den Fallenstellern – der Berge, in denen ich sie jagte, erfahren konnte. Dennoch ist es interessant; und wenn es im Allgemeinen zutrifft, könnte es einen Hinweis auf die launischen örtlichen Unterschiede zwischen Schafen und Ziegen in der Zone ihres gemeinsamen Lebensraums geben. Aber wenn die Ziege, wenn das Wetter sie in die Tiefe treibt, nicht von den weniger hoch gelegenen Gewächsen leben kann, die dann die Schafe zufriedenstellen, werden Sie feststellen, wie unähnlich diese enge Unterscheidung in Bezug auf die Ernährung der echten Ziege ist.

Es ist in der Tat überraschend, dass zu diesem späten Zeitpunkt, wo Untersuchungen und Überprüfungen so einfach sind, kein Naturforscher irgendwo einen klaren, vollständigen Absatz geschrieben zu haben scheint, der die einfache, natürliche Frage beantwortet: In welchen Staaten und Territorien lebt die weiße Ziege? Es scheint die Aufgabe des Naturforschers zu sein, uns das zu sagen. Wir haben das Recht zu erwarten, dass wir ein einzelnes Standardbuch aufschlagen und solche Fakten sofort finden. Nun, ich musste acht aufschlagen und hier und dort eine Tatsache zusammentragen, auf eine Art und Weise, die dem schmerzhaften Prozess des Lumpensammelns nicht unähnlich ist. Das Ergebnis ist bei weitem nicht flächendeckend; Lassen Sie mich dies anerkennen und um freundliche Korrektur und Ergänzung bitten – und lassen Sie mich dennoch sagen, dass es sich bei den folgenden Informationen um die detailliertesten Informationen handelt, die bisher an irgendeiner Stelle niedergelegt wurden.

In Alaska und British Columbia finden wir die Ziege sowie im Nordwesten von Montana und in Idaho, aber nur vereinzelt; Er befindet sich auch in den nördlichen Cascades in Washington, aber seltsamerweise scheint er nicht im Olympic Range zu liegen. Er befindet sich auch nicht in den südlichen Cascades in Oregon. Anderswo ist er nicht, es sei denn möglicherweise in Kalifornien. Es gibt eine alte Legende über ihn in den höheren Bergen dieses Staates; der spanische Padre de Salvatierra und sein Mitmissionar Padre Piccolo sollen ihn gesehen haben. Wir müssen uns sinnlos fragen, ob sie es getan haben; und ich hätte einer Fußnote in der „Biological Survey of Mount Shasta", die sich mit dem Lebensraum der Ziege in Oregon und Washington befasst, mehr zu Dank verpflichtet sein sollen, wenn dort nicht gänzlich Stillschweigen über die Anwesenheit oder Abwesenheit des Tieres, ob in Vergangenheit oder Gegenwart, geäußert worden wäre. im Bundesstaat Kalifornien.

Je weiter wir der Geschichte der weißen Ziege folgen, desto mehr werden wir feststellen, dass ihre Schritte von Nebel der Verwirrung begleitet werden. Für den düsteren Kritiker wäre dies ein guter Zeitpunkt, einige Sätze über die Langlebigkeit des Irrtums zu schreiben. Aber am Ende ging alles gut aus. Wir werden gleich zu den Fakten kommen und wie ich zum ersten Mal mit dem Strom der Unsicherheit in Berührung kam, dessen Quelle in den alten romantischen Seiten von Lewis und Clark liegt.

Vor einiger Zeit sprach ich von einer Ziegentradition in Wyoming. Erst im Herbst 1889 glaubte ich, dass es so etwas wie diese Ziege überhaupt gab. Ich dachte – ich konnte damals nicht sagen, warum –, dass die ungebildeten Berg- und Präriebewohner, deren Gespräche ich hörte, von den Schafen sprachen; und außerdem widersprachen sie einander auf eine so merkwürdige und beharrliche Weise, dass das Tier für mich auf eine Art fabelhaft wurde, wie das Einhorn oder das wolltragende Pferd. Mal wurde mir versichert, dass „dort irgendwo", in den Bergen nahe dem Pazifik, eine schneeweiße Ziege mit langem Haar lebte; mal wurde mir das entschieden widerlegt. Ein skeptischer alter Fallensteller oder Goldsucher behauptete, er „vermute, er sei fast überall gewesen", und niemand könne ihm „einreden, dass es keine Ziege" mit langem Haar gebe. Als ich schließlich meinem alten Freund John Yancey aus dem Yellowstone-Park meine eigenen Ziegentrophäen, Köpfe und Felle vor die Augen legte, lösten sie bei ihm eine echte Sensation aus. Er hatte wenig Vertrauen in irgendwelche Geschichten über Ziegen verschwendet. Er starrte sie an, er berührte sie, er hob sie hoch, er kam nicht darüber hinweg; sie ließen seine Achtung vor mir steigen, und er weigerte sich zu glauben, dass es eine weitaus geschicktere Heldentat ist, ein Bergschaf zu umgehen. Auch er hatte, wie ich, angenommen, dass diese Vorstellung von Ziegen irgendwie auf Bergschafe zurückzuführen sei und dass es sich um ein und dasselbe Tier handele. Ich stellte fest, dass sich dieser Irrtum nach Osten bis in die großen Städte ausbreitete.

DIE WEISSE ZIEGE IST EIN GESCHMEIDIGER KLETTERER

In der Eingangshalle eines gewissen Clubs hing früher – und hängt meines Wissens immer noch – der Kopf einer weißen Ziege. Ich stand eines Tages im Jahr 1894 oder 1895 daneben, während zwei Herren ihn betrachteten. Einer hatte in unserem Westen gejagt und wurde von dem anderen gefragt, was das für ein Tier sei. Er antwortete bestimmt: „Ein Bergschaf." Das ging mich nichts an, und ich korrigierte ihn nicht. Aber wie hartnäckig und eigenartig war die Verwechslung! Denn diese beiden wilden Tiere ähneln einander nicht im Geringsten mehr als ihre domestizierten Namensvetter. Als ich an jenem Tag in der Halle des Clubs saß, wusste ich nicht, dass neunzig Jahre zuvor derselbe Fehler begangen und zum ersten Mal niedergeschrieben worden war und dass wir noch immer seine Folgen erbten.

Am 26. September 1805 schlug der schwer erkrankte Meriwether Lewis mit seinen ebenso schwer erkrankten Kameraden ein Lager auf, um Kanus zu bauen. Sie lagerten an der Mündung des nördlichen Arms in den Hauptstrom jenes Flusses, den Idaho heute meist Clearwater nennt und den die Indianer damals Kooskooskee nannten. Sie hatten zu Fuß und zu Pferd einen weiten Weg über Land zurückgelegt – 3.000 Kilometer. Sie waren noch vor kurzem hoch oben im kalten Schnee gewesen und nun plötzlich in das flache Klima der Ebenen eingetaucht. Die Hitze und die reichliche neue Nahrung machten jeden Muttersohn von ihnen krank. Doch noch wenige Tage zuvor hatten sie sparsam Rationen Pferdefleisch ausgegeben, um Leib und Seele zusammenzuhalten; jetzt gaben ihnen die Indianer so viel Lachs, wie sie schlucken konnten, und lehrten sie, den Camas zu essen, ein gefährliches Gemüse. In den Worten von Dr. Coues (dem bewundernswerten Kommentator der Ausgabe von 1894) kann man sich kaum ein besseres und ehrlicheres Werk vorstellen: „Da sie weder erfroren noch ganz verhungert waren – sie überlebten Kamisenwurzeln, Brechweinstein und Rushs Pillen (des berühmten Dr. Rush aus Philadelphia) und erreichten schiffbare Gewässer Kolumbiens ..." Ich könnte ewig aus diesem großartigen Buch zitieren. Es ist unser amerikanischer Robinson Crusoe. Jemand wird es zweifellos zu einem historischen Roman verarbeiten; aber kein Roman, egal wie gut er sich verkauft, kann das Tagebuch von Lewis und Clark verderben. Nun, in diesem Krankenlager, während sie sich darauf vorbereiten, nach Astoria zu segeln, tritt die weiße Ziege auf. Es ist sein erster dokumentierter Auftritt.

Gass sagt: „Es scheint in diesem Land außer den Steinböcken oder Bergschafen noch eine Schafart zu geben, die Wolle trägt. Ich sah einige der Felle, die die Eingeborenen hatten, mit vier Zoll langer Wolle und so fein, weiß und weich wie alle anderen, die ich je gesehen hatte."

Hier liegt, wie Sie sehen, der Fehler, der gleichzeitig mit der Ziege auftritt.

Diese Schafe „leben", heißt es an anderer Stelle im Text, „in größerer Zahl auf der Gebirgskette, die den Beginn des bewaldeten Landes an der Küste bildet und zwischen den Wasserfällen und Stromschnellen am Columbia River vorbeiführt." In allem genau, bis auf den Namen.

Als nächstes folgt die Beobachtung (William Dunbar und Dr. Hunter), die am Columbia River in der Nähe von The Dalles niedergeschrieben wurde: „Wir haben hier das Fell eines Bergschafs gesehen, das angeblich zwischen den Felsen in den Bergen lebt. Das Fell war mit weißem Haar bedeckt. Die Wolle war lang, dick und grob, mit langem, grobem Haar oben am Hals und auf dem Rücken, das ein wenig an die Borsten einer Ziege erinnerte."

Dieses Mal, sehen Sie, sind sie kurz davor, die Sache in Ordnung zu bringen. Aber nein; sie ziehen sich wieder zurück, nachdem das Folgende eine völlige Aufklärung zu versprechen scheint:

„Ein Kanadier, der viel mit den Indianern im Westen unterwegs war, spricht von einem wolletragenden Tier, das größer als ein Schaf war und dessen Wolle stark mit Haaren vermischt war und das er in großen Herden gesehen hatte."

Am 10. April 1806 ist die Gruppe auf der Rückreise. Sie hat den Winter erfolgreich an der Küste verbracht und ist nun wieder den Columbia hinaufgekommen, fünfzig Meilen oberhalb von Vancouver.

„Während wir beim Frühstück saßen, bot uns einer der Indianer zwei Schaffelle zum Verkauf an. ... Das zweite war kleiner ... und hatte noch Hörner. ... Die Hörner des Tieres waren schwarz, glatt und aufrecht. Sie erhoben sich von der Mitte der Stirn, etwas oberhalb der Augen, in zylindrischer Form bis zu einer Höhe von vier Zoll, wo sie spitz zulaufen."

Hier besteht kein Zweifel an dem Fehler; er beschreibt eine Ziege und nennt sie ein Schaf. Warum er dies tat, obwohl er während seiner Reise den Missouri hinauf ständig das Dickhornschaf gesehen hatte, lässt sich möglicherweise folgendermaßen erklären: Er sagt, er fand das Dickhornschaf nicht sehr wie ein Schaf, und deshalb kam ihm die Ziege vielleicht nicht so sehr wie eine Ziege vor; wir wissen, dass es sich zufällig um eine Antilope handelt. Aber wie auch immer wir diese ursprüngliche Namensvermischung erklären, es ist leicht zu erkennen, wie gut die Vermischung angefangen hat; und ist es nicht seltsam und interessant, nachdem man den Text der alten Verwirrung gelesen hat, sie über die Jahre hinweg zu verfolgen, hinunter durch Yancey, bis zur Eingangshalle des Clubs? Und sie bei allen möglichen und unter allen Umständen auftauchenden Menschen zu finden, mal in einer Stadt und mal auf dem Gipfel der Wind River Mountains, wo sie mich früher verwirrte?

Und das ist nur die populäre Seite davon; Die Gelehrten waren genauso gemischt wie Yancey. Die wissenschaftliche Seite der Geschichte wird anschaulich durch die Dynastie lateinischer Namen deutlich, mit denen die Ziege nach und nach überschüttet wird.

Das Land im Allgemeinen hörte zum ersten Mal im Jahr 1806 von der Ziege, als Thomas Jefferson seiner Botschaft an den Kongress über die Entdeckungsreisen von Lewis und Clark verschiedene Dokumente beifügte, darunter die Beobachtungen von William Dunbar und Dr. Hunter. Neun Jahre später gab der berühmte George Ord dem Tier seine erste akademische Taufe, und es erschien als *Ovis montana*. Schon bald scheint M. de Blainville es *Antilope americana* und *Rupicapra americana genannt zu haben*. Im Jahr 1817 war es als *Mazama Sericea bekannt* — was eine ziemliche Abkehr von der Familie darstellt. Vier Jahre später ist es ein einfaches Rocky-Mountain-Schaf. Als nächstes folgen *Capra montana* , *Antilope lanigera* , *Capra Americana* und *Haplocerus montanus* . Letzterer schien sich zu festigen, als entdeckt wurde, dass jemand der Ziege seit einiger Zeit einen wohlüberlegten Namen gegeben hatte, nämlich *Oreamnus montanus* . So nennt man es jetzt; und es ist fraglich, ob irgendein Dieb häufiger einen Decknamen verwendet hat als dieses wahrscheinlich unschuldige Tier. Dies ist die Geschichte der Verwirrung, die — wir können nur raten, warum — durch Lewis und Clark begann und bis heute nicht aufgeklärt wurde.

Die Ziege ist ein weit weniger vorsichtiges Tier als das Schaf. Sie ist auf Annäherungen von unten konzentriert. Der Jäger braucht nur über sie zu kommen und sofort auf den Gipfel des Bergrückens zuzusteuern, den er jagen will, und das ahnungslose Geschöpf wird Ihnen keinen Gedanken schenken. Meine Güte, es ist unverzeihlich, sie zu töten, es sei denn als Exemplar in einer Sammlung; sie ist so schön, so harmlos und so dumm! Und in ihren entlegeneren Revieren, wo die menschliche Natur für sie noch ein Buch mit sieben Siegeln ist, „denkt sie nichts Böses"; sie wird dastehen und den Jäger mit gesetztem Interesse aus ihren großen, tiefbraunen Augen betrachten. Der unerfahrene Jäger, so scheint es, beginnt in der Regel als Wahnsinniger. Plötzlich einer Herde wilder Tiere gegenüberstehend, lädt er hektisch sein Repetiergewehr, hypnotisiert von der Flut der Zerstörung. Glücklicherweise neigt er in seiner Aufregung dazu, sein Ziel zu verfehlen. Sein Verlangen gilt keiner besonderen Trophäe, sondern einem heißen Mord an allen in Sichtweite. Wenn wir ihm diesen Anflug von blindem, rohem Instinkt nicht vorwerfen sollen, dann sollten wir um Himmels Willen seine Leistung nicht loben! Das Beste, was man über sie sagen kann, ist, sie die Schattenseite der Männlichkeit zu nennen; und die Schattenseite der Männlichkeit passt wie angegossen zur Feigheit. Ich spreche von der Sünderbank aus; und in den vergangenen Jahren (nicht so lange materiell, aber Meilen und Meilen in jeder anderen Hinsicht) sehe ich ein oder zwei Schandflecken. Heute möchte ich das Wild fotografieren und es in Frieden ziehen lassen.

Zusammen mit meinem Gewehr trug ich eine Kodak zwischen den Ziegen. Die Kodak und das Gewehr waren hin und wieder ein unangenehmes Paar. Zum Beispiel:

„ *Samstag, 12.* November, viereinhalb Stunden Aufstieg auf den gegenüberliegenden Grat, um über die gestern gesehene Ziege zu kommen. Oben 15 bis 20 Zentimeter Schnee." An diesem Tag hatte ich beide Instrumente dabei, und die Felsen erforderten ständig den Einsatz beider Hände. Nun, ich bekam die Ziege, die ich wollte, mit meinem Gewehr. Ich nahm die Kodak mit hundert Bildern meiner sehr langen, harten, interessanten Reise mit nach Hause. Es war das Jahr, in dem die Filme der Firma schlecht waren, und ich machte hundert Fehlschüsse; auf keinem einzigen war auch nur der Anschein eines Bildes zu erkennen. Der Greely-Expedition war dasselbe Unglück widerfahren, und ich war nicht so weit gereist wie sie; Sie sehen also, ich darf mich nicht beklagen. Nein, meine Strecke war nicht so weit wie die der Greely-Expedition, aber keine Ziege wird mich je wieder zu solchen Abenteuern verführen. Ach, dass ein Mann vor Unannehmlichkeiten zurückschrecken sollte, die einst – aber lassen Sie mich Ihnen von einigen davon erzählen.

Da mir dort nichts als gute Kameradschaft und Freundlichkeit entgegengebracht wurde, unterdrücke ich den Namen der Stadt am Ende der Eisenbahnlinie, in der ich von Samstag bis Montag auf die Etappe in Richtung Norden wartete. Es war Samstag, der 9. Oktober, erinnert mich mein Tagebuch.

„Sie gaben mir ein Zimmer … Ich war froh, so wenig wie möglich davon zu sehen. Ich wusch mich in der öffentlichen Toilette und dem Waschbecken, die im Büro zwischen dem Salon und dem Esszimmer standen; und ich verbrachte meine Zeit entweder im Saloon und schaute mir eine Partie Poker an, die nie aufhörte, oder wanderte in der Welt draußen umher. Ein Chinese namens Madden … spielte Poker und verlor natürlich gegen seine amerikanischen Freunde, … fluchte in der lächerlichsten Fachsprache. … Dennoch war er gutmütig … die Männer schienen ihn zu mögen … nachts kehrte er zu dem nie endenden Spiel zurück und verlor noch mehr ... Ich ging in mein Zimmer, um zu Bett zu gehen, schlug die Bettwäsche zurück und sah dort nicht das, was ich befürchtet hatte, sondern mehrere tausend Kakerlaken, glaube ich. Sie huschten hektisch umher und drängten sich gegenseitig wie jede andere Menschenmenge. Dann hob ich ein Kissen an und sah zu, wie weitere Kakerlaken unter dem benachbarten Kissen nach Schutz suchten. Dann sah ich, dass die Wände, die Decke und der Boden voller Kakerlaken zitterten und funkelten. Also sagte ich es dem Vermieter unten. Ich sagte, wenn er kein anderes Zimmer hätte, würde ich meine Campingdecken auf den Bürotisch werfen und dort schlafen, wenn er nichts dagegen hätte. Er war mitfühlend und erklärte, dass die Kakerlaken aus der Küche unter meinem Zimmer gekommen sein müssten. Es war Samstagabend, und jeden Samstagabend stellte der Koch Pulver in die Küche; Das muss sie also nach oben geschickt haben. Diese Erklärung wurde mir mit einer Stimme voller Beileid gegeben. Und ich antwortete, dass sie höchstwahrscheinlich so gekommen seien und dass es unmöglich sei, mit so vielen Menschen gleichzeitig im Bett zu schlafen. Er stimmte mir voll und ganz zu. „Ja", sagte er, „Kakerlaken sind die Hölle." …

„Also rollte ich meine Decken aus, und der Wirt half mir, mein Bett auf seinem Bürotisch zu machen, indem er mir das Tintenfaß und die Zeitungen hochhob. … Ich schlief ein und hörte das Pokerspiel im Nebenzimmer, das Geplapper von Madden, wenn er verlor, und die heisere Fröhlichkeit der anderen Männer über sein Kauderwelsch.

„ *Sonntag.* … Heute Morgen war das Spiel noch im Gange, aber Madden hatte sich gegen vier Uhr als Verlierer zurückgezogen. Der Barkeeper, der das Büro fegte, weckte mich, und ich stand auf und machte wie üblich meine Toilette im öffentlichen Trog.“

Der Rückblick erfüllt mich mit Heiterkeit – und mit Bedauern, dass alles für immer und ewig vorbei ist und die Ziege, für die ich es noch einmal tun würde, nicht mehr lebt.

Es ist schwer, der weiteren Versuchung nicht nachzugeben und aus diesem Tagebuch von 1892 nicht noch viel mehr über das Aussehen und die Bräuche des seltsamen wilden Landes aufzuschreiben, durch das ich jetzt auf meinem Weg zur Ziege kam. Ein Teil der Landschaft war die schlimmste, verlassenste und wertloseste, die ich kenne, übertraf Nevada bei weitem an Gemeinheit und war so trostlos wie Arizona, ohne Arizonas magische Pracht und Faszination. Große Wüsten ohne Erhabenheit, große Täler ohne Charme, große Felsen ohne Würde, überall nur einsame Hässlichkeit; das ist das Big-Bend-Land; und der Fluss Columbia selbst ist, wenn man schließlich aus dem ausgedörrten Staub und den verstreuten schwarzen Felsbrocken des Hochlandes hinabsteigt, eine rauschende, düstere, schattenlose Flut, der unschönste Fluss, den ich je gesehen habe.

Ich möchte, wenn ich kann, meine Meinung unterstützen. An einem späteren Tag stieß ich mitten in der Big Bend auf einen verlassenen Wegweiser, der dort zweifellos angebracht war, um das entmutigte Herz des Wanderers aufzuheitern. Dieser Beitrag verkündete, dass Central Ferry 35 Meilen entfernt sei; und darunter hatte ein Wanderer seinen persönlichen Kommentar gekritzelt:

45 Meilen bis zum Wasser.

Und ein späterer Wanderer hatte hinzugefügt:

75 Meilen bis zum Wald.

Und ein letzter Wanderer: –

Zweieinhalb Meilen bis zur Hölle.

Ah, der unerschrockene, unschätzbare Geist des Menschen! Diese wenigen Worte, gekritzelt von einer Hand, die ich gerne schütteln würde, ließen die Wüste vor Humor erblühen, und ich setzte meine Reise mit einem lächelnden Herzen fort.

Drei Nächte waren vergangen, seit ich den Kakerlaken entkommen war, und ich schlief im Freien, inmitten angenehmer Hügel. Ein alter, zerlumpter Geiger mit grauem Haar, das ihm bis zu den Schultern hing, hatte mich bis spät in die Nacht mit allen möglichen altmodischen Melodien und Tänzen beschäftigt. Er hatte sich auf seiner Geige durch unseren Kontinent gespielt und dafür sein ganzes Leben gebraucht. Hier war er nun, mit silbrigem Haar, oben in den Cascade Mountains. Ich breitete meine Decken hundert Meter von seiner Hütte entfernt aus, in der er allein lebte. Er war vollkommen unbeschwert und vollkommen mittellos. Ich kenne seinen Namen nicht; ich habe ihn nur dieses eine Mal gesehen; ich nehme an, er ist tot; aber seine Unterhaltung und seine Geige bescherten mir einen unterhaltsamen Abend, über den ich manchmal noch nachdenke. Hätte ich keine Ziege gefunden, hätten die Leute, die ich traf, wie er, meinen Ausflug belohnt. Aber alles kam zu mir. Nach einigen vergeblichen Ausflügen, von denen ich mit leeren Händen von einem ziemlich rauen Campingaufenthalt zurückkehrte, steht am Mittwoch, dem 2. November, in meinem Tagebuch: „Einer meiner lang gehegten Wünsche ist in Erfüllung gegangen, und ich habe eine Bergziege gesehen und getötet." Am nächsten Tag hingen ein zweiter Kopf und ein zweites Fell in unserem sehr gemütlichen Lager. Diese ersten beiden waren Männchen und dienten als Grundlage für die Beschreibung, die ich früher in diesem Kapitel zu zeichnen versucht habe. Während wir, mein geselliger Führer und ich, dasaßen und die zweite Ziege häuteten, führten wir ein Gespräch, das ich hier aufzeichnen muss.

Ich kann mich nicht erinnern, wie wir jemals auf ein Thema wie die königliche Familie Englands gestoßen sind; Aber Camping in der Wildnis verbraucht Themen und lässt Sie von Tag zu Tag mit einer immer enger werdenden Auswahl zurück; und T., der einen illustrierten Aufsatz nahm, bemerkte mir gegenüber, dass er „diesen Kerl Lorne" schon immer sehr gemocht hatte. So formulierte er es; seine Sprache über einige der anderen war weniger lobenswert.

Nun hatte ich kurz zuvor zufällig von einem beunruhigenden *Konflikt gelesen* , der während des Thronjubiläums der Königin in der Prozession stattgefunden hatte, und ich erinnerte T. daran; aber es war neu für ihn. Also erzählte ich ihm, dass, während die gekrönten Häupter feierlich durch die Straßen Londons zogen und die Augen der zivilisierten Welt sie voller Bewunderung beobachteten, das Pferd des Marquis von Lorne in Fahrt kam. Es war ein Pferd, das einen besseren Reiter brauchte, als der Prinz von Wales den Marquis für möglich gehalten hatte, denn er hatte ihn vorher vor dem Tier gewarnt. Aber der Marquis zog es vor, ihn zu reiten. Und so sprang das Pferd hoch und der Marquis stürzte, mitten im Jubiläumsjahr der Königin.

T- sah mich an und sagte nichts. Daher war ich mir nicht sicher, ob dem Bergsteiger klar wurde, dass dieser königliche Fortschritt, dieser historische und prachtvolle Moment für einen Adligen ein schlechter Zeitpunkt war, um vom Pferd zu stürzen. Ich fuhr fort:

„Ich glaube, dass die Königin, als sie den Unfall sah, jemanden geschickt hat."

"Wo?" sagte T-.

„Zum Marquis. Sie rief wahrscheinlich den nächstgelegenen König an und sagte: „Frederick, Lorne ist weg." Geh und sieh nach, ob er verletzt ist.""

„„Und wenn er nicht verletzt ist, tun Sie ihm *weh* "", fügte T- hinzu und sprach im Namen der Königin. Ich merkte also, dass er der Situation ihren vollen Wert beigemessen hatte.

Nach diesem zweiten erfolgreichen Tag prasselten Sturm und Schnee auf uns nieder, ein blendender Tag, der uns im Lager hielt. Weitere Stürme folgten und keine Ziegen mehr; und wir mussten ein Pferd erschießen, das sich „geworfen" hatte, sich in seinem Strick verfangen hatte und so erfroren war, dass es die ganze Nacht hilflos im schweren Schnee lag. Wir verließen diese Berge und machten uns auf die Suche nach einer Ziegenherde in andere Berge; ich wünschte mir ein Weibchen und ein Zicklein, und wir schienen auf eine Ansammlung alter, einsamer Männchen gestoßen zu sein. Acht Tage nach der zweiten Ziege erblickten wir unsere Herde, und dies war Anlass für ein noch aufschlussreicheres Erlebnis.

Ich bin zuversichtlich, dass diejenigen, die viel auf Großwild gejagt haben, manchmal solche Worte gehört haben: „Auf diesem Berg gab es die ganze Zeit einen Haufen Schafe; dreihundert Schafe;" oder: „Gerade hier traf ich letzte Saison auf eine Gruppe von zwölfhundert Elchen." oder: „Ich bin gestern in der Ebene an zweitausend Antilopen vorbeigekommen." Die Person, die Ihnen das sagt, war Ihr eigener Führer oder ein Besucher des Lagers, der seine Notizen austauscht und Anekdoten austauscht. Ich jedenfalls habe mir solche Behauptungen schon oft angehört; und hin und wieder war ich versucht, (zum Beispiel) als Antwort zu sagen: „Zweitausend Antilopen! Als du neunzehnhundertneunundneunzig gezählt hattest, hätte ich gedacht, dass du zu müde gewesen wärst, um weiterzumachen." Aber das sind Versuchungen, denen ich widerstanden habe. Ich denke auch, dass die Männer glaubten, was sie sagten – im Großen und Ganzen. Aber hier mit der Ziege bot sich eine berühmte Gelegenheit. Wir konnten sie deutlich sehen; sie waren auf der anderen Seite eines Canyons von uns entfernt, etwa eine Meile entfernt; sie lagen oder standen, einige aßen, andere bewegten sich langsam ein wenig; sie waren in Scharen, in kleineren Gruppen, einzeln oder zu zweit unterwegs und wechselten sehr gemächlich ihre Positionen; und sie schienen zahllos zu sein; Sie waren überall den Hügel hinauf und hinunter. An diesem Tag war es nicht möglich, sie zu erreichen, da der größte Teil des Tages bereits vorüber war und wir uns hoch oben auf der gegenüberliegenden Bergseite befanden.

„Da sind hunderttausend Ziegen!" rief T- aus; und ich hätte nach Hause gehen und behaupten sollen, dass ich mindestens Hunderte gesehen hatte.

„Zählen wir sie", sagte ich. Wir nahmen die Gläser und taten es. Es waren fünfunddreißig.

Von diesen fünfunddreißig habe ich in den nächsten zwei Tagen ohne Probleme, abgesehen von hartem Klettern, meine Liste der gewünschten Exemplare fertig gestellt – ein erwachsenes Männchen und ein erwachsenes Weibchen sowie ein Zicklein für meinen eigenen Besitz und zwei Männchen, die ich an Freunde verschenken konnte . Und ich habe ein bisschen mehr über die Ziege gelernt.

Das Weibchen ist leichter gebaut als das Männchen und hat schlankere Hörner – ein bisschen. Und (um auf die Frage der Ernährung zurückzukommen) wir besuchten die Weide, auf der die Herde gewesen war, und fanden keinerlei Anzeichen von gewachsenem oder gefressenem Gras; auf diesem Berg gab es kein Gras. Die einzige essbare Substanz war Moos, büschelig, steif und trocken bei Berührung. Die größten Hörner maßen an der Basis sechs Zoll im Umfang und 21,5 Zoll von einer Spitze bis zum Schädel und so weiter bis zur anderen Spitze. Ich erfuhr auch, dass die Ziege vor Raubtieren sicher ist. Mit ihrer undurchdringlichen Haut und ihren ausweidenden Hörnern wird sie von den Wölfen und Berglöwen respektvoll in Ruhe gelassen. Und T— erzählte mir von der Energie einer Ziegenmutter. Ein Goldsucher hatte im Frühsommer ein Zicklein gefangen, das noch zu jung war, um viel zu laufen. Seine Mutter sah, wie er es ins Lager brachte, lief ihm nach, jagte ihn vor den Augen seiner Kameraden so heftig, dass er ihr Kind fallen lassen musste, und sie bekam es zurück! Ich habe es angedeutet, muss aber unbedingt sagen, dass die Kinder im Mai und Juni fallen gelassen werden.

Unser gesamtes Wissen über den *Oreamnus montanus* wurde kürzlich durch eine Unterart ergänzt; aber ich denke, die Annahme dieses Geschenks wäre derzeit verfrüht. Es hängt von der eigenen Vorstellung von der Anzahl der Fakten ab, die im täglichen Leben notwendig sind, um eine Verallgemeinerung zu rechtfertigen. Wenn Sie beispielsweise in der Zeitung lesen, dass letzte Woche in New York ein Mensch an Diphtherie gestorben ist, würde Sie das nicht davon abhalten, in diese Stadt zu fahren; wenn Sie jedoch lesen, dass innerhalb einer Woche fünfhundert Menschen gestorben sind, beschließen Sie vielleicht, Ihre Kinder für die Saison nicht dorthin zu bringen – und dies wäre das Ergebnis einer gerechtfertigten Verallgemeinerung. In der echten Wissenschaft gilt in keiner Weise anders. Diese neue Ziegenart basiert auf einem einzigen Exemplar und noch dazu nur dem getrockneten Schädel! Dass die Hörner einige Zentimeter länger und weiter gespreizt waren als der Durchschnitt und dass es gewisse Unterschiede in den Kiefermaßen gab, ist kaum ein ausreichender Beweis dafür, dass diese Abweichungen nicht angeboren oder durch Zufall entstanden sind. Wir haben Menschen mit Schielen und Klumpfüßen gesehen; wir waren auch im Zirkus, aber wir bilden keine Unterarten für den Riesenziege und die bärtige Dame. Aber dieser kleine Wunsch nach Selbsterhaltung, nach einer Art Beständigkeit in dieser Welt des Vergessens pocht in vielen Herzen, und da wir alle versuchen, unsere Namen an etwas zu binden, das sie an die nachfolgenden Generationen weitergeben wird, warum sie dann nicht mit *Oreamnus* und *Ovis verbinden* ? Und so, lieber Leser, haben Sie die erfreuliche Vision unserer Zoologen, die auf dem Rücken verschiedener Unterarten von Ziegen und Schafen in die Nachwelt überliefert werden.

Diese Tiere verschwinden, wie unser gesamtes westliches Großwild. Es sind nicht (wie die politischen Großmäuler des Westens so oft gerufen haben) die „Neulinge" des Ostens, die für diese Zerstörung verantwortlich sind; es sind die Westler selbst, die stillschweigend die Gesetze brechen, die sie erlassen haben, und (um ein aktuelles Beispiel zu nennen) Dutzende von Wapitibullen außerhalb der Jagdsaison in Jackson's Hole, Wyoming, töten, nur um die beiden Zähne, die als „Hauer" bekannt sind, zu verkaufen, und den Rest des Kadavers auf den Hügeln verrotten lassen. Das ist der wahre Mann, der unser Großwild zerstört, genauso wie er unsere Wälder auslöscht. In seinen Händen würde das Gesicht unseres Kontinents bald wie ein abgebranntes Haus aussehen. Zwei Jahre bevor ich die Ziege jagte, kamen die Hirsche in diesen Bergen in Herden herunter, um die neuen Siedler anzustarren – die sie zum Spaß von ihren Hüttentüren aus schossen. Die Hirsche sind jetzt ziemlich selten.

Der Yellowstone Park ist ein Schutzgebiet für Büffel, Elche, Hirsche, Antilopen und Schafe. Dort (wenn überhaupt irgendwo) hat unser Großwild eine Überlebenschance. Ich habe noch nie gehört, dass es in diesem Schutzgebiet Ziegen gibt, aber in letzter Zeit gibt es gute Nachrichten, dass die Schafe auf dem Mount Evarts gedeihen. Ich möchte dem Kommandanten vorschlagen, dass er Schritte unternimmt, um einige Ziegen aus der Saw Tooth Range – oder wo auch immer er kann – zu beschaffen und das interessante Experiment zu versuchen, das Tier im Yellowstone Park zu züchten.

Felsige Bergziege

(HAPLOCERUS MONTANUS [16])

Dies ist eines der ganz wenigen Säugetiere, die zu jeder Jahreszeit dauerhaft weiß oder weißlich sind, und obwohl es allgemein als Ziege bezeichnet wird, gehört es tatsächlich zur gleichen Gruppe wie die Serows, denen es in Form und Farbe der Hörner sehr ähnelt. Im Winter ist das Haar sehr lang und reinweiß; Der Rücken ist aufrecht und am Widerrist und an den Hinterbacken stark verlängert, so dass das Tier den Anschein erweckt, als ob es ein Paar Höcker hätte. Das Sommerfell ist vergleichsweise kurz und hat einen gelblichen Schimmer. Schulterhöhe knapp 3 Fuß; Gewicht von 180 bis 300 Pfund.

Verteilung. – Nordamerika, in den gesamten Rocky Mountains, ab etwa dem 36. Breitengrad in Kalifornien mindestens bis zum 60. Breitengrad nördlich. Amerikanische Naturforscher gehen davon aus, dass der eigentliche Gattungsname des Tieres *Oreamnus* statt *Haplocerus ist* .

MESSUNGEN VON HÖRNERN

LÄNGE DER VORDEREN KURVE	UMFANG	SPITZE ZU SPITZE	LOKALITÄT	EIGENTÜMER
— 11½	..	..	Britisch-Kolumbien	Clive Phillipps-Wolley
—11	..	..	Kutenay, Britisch-Kolumbien	John T. Fannin (gemessen an)
— 10½	5¾	..	Montana	Walter James
10¼	5¼	5½	Britisch-Kolumbien	R. Rankin
— 10⅛	6½	..	Similkameen River, British Columbia	Arthur Pearse

10⅛	5	6⅛	?	DE Buxton
— ♀10⅛	4¾	..	Britisch-Kolumbien	Hauptmann A. Egerton
10	5⅜	6⅜	British Columbia JV Colby	
—9¾	5	..	Montana	Theodore Roosevelt
9¾	5½	6¼	NW-Territorien	S. Ratcliff
9¾	5¼	6	NW-Territorien	Seine Königliche Hoheit, der Herzog von Orleans
9⅝	5¼	6⅛	NW-Territorien	Sir Edmund G. Loder, Bart.
9½	5½	6¼	Alaska	Sir George Littledale
9½	4½	..	Nordamerika	JD Cobbold
♀9½	4¼	5½	Britisch-Kolumbien	PB Vander-Byl
9½	5¼	6⅜	East Kutenay, British Columbia	AE-Butter
—9½	5¼	6½	Bitter Root Mts., USA	James J. Harrison
— ♀9⅜	4½	5⅝	Britisch-Kolumbien	AE Leatham
—9⅜	5⅜	6¾	Britisch-Kolumbien	TWH Clarke

9¼	5½	5¼	Britisch-Kolumbien	J. Turner-Turner
9¼	5½	..	Nordamerika	Graf von Lonsdale
9¼	5½	5¾	Britisch-Kolumbien	G. Lloyd Graeme
9⅛	..	6	Montana	Thomas Bate, British Museum
9⅛	5¼	5	Britisch-Kolumbien	Sir Peter Walker, Bart.
9	4¾	6	Britisch-Kolumbien	TP Kempson
—8⅞	5½	4⅛	Britisch-Kolumbien	Graf E. Hoyos
8¼	4⅔	5¼	Britisch-Kolumbien	Graf Schiebler

Fußnoten

[1] Ruhe.

[2] Karibu.

[3] Kein Karibu.

[4] Moschusochse.

[5] „Records of Big Game", Rowland Ward, dritte Ausgabe.

[6] „Records of Big Game", Rowland Ward, dritte Ausgabe.

[7] Waldbison.

[8] Dunkelbraun, ins Hellbraune und Ecru übergehend, mit graublauem Schimmer; groß, mit schwerem Knochenbau; massive, eng am Kopf gebogene Hörner, gut abgeflacht, am oberen Rand stark gewellt, bei älteren Widdern meist an den Spitzen zerbeult. Verbreitungsgebiet: die Rocky Mountains nördlich vom Colorado River bis zu den Quellgewässern des Peace River, British Columbia. Verbreitungsgebiet am oberen Rand der Baumgrenze.

[9] Weiß. Sommerfell mit rostfarbenem Farbton. Nicht so groß wie *Canadensis* . Hörner weiß, weit vom Kopf weg gebogen; nicht so tief gewellt, weniger massiv als *Canadensis* . Alle Rocky Mountains nördlich von 60° NL und Alaskan Mountains in der Western Alaska Range, oberhalb der Baumgrenze.

[10] Das dunkelste aller Schafe, die Schattierungen reichen von hellem bis zu sehr dunklem Grau mit einem Hauch von Braun. Die Hörner sind lang und anmutig, aber schmal und breiten sich weiter vom Kopf aus als bei jeder anderen Art. Das Verbreitungsgebiet erstreckt sich über die Rocky Mountains zwischen 55° und 60° N und die Cassiar-, Campbell- und Simson-Berge weiter westlich und nördlich bis 62° N.

[11] Hellbraun bis ecru mit einem trüben Schimmer. Hörner ähnlich denen von *Canadensis* . Verbreitet in den Halbwüsten der Südstaaten von Texas bis Kalifornien.

[12] Dunkler als *Nelsoni* , aber nicht so dunkel wie *Canadensis* . Größe groß. Hörner breit und massiv; Backenzähne größer als bei allen bekannten amerikanischen Schafen; Schwanzwirbel lang. Range Chihuahua-Gebirge im Norden und Westen Mexikos.

[13] Weiß und Grau. In der Größe ungefähr der der *Dalli* und *Stonei* . Hörner weiß; näher am Kopf gebogen als *Dalli* und *Stonei* . Bereich Oberer Yukon River. Größere Reichweite im Holz als *Stonei* oder *Dalli* ; Gewohnheiten ähneln denen von *Canadensis* .

[14] Die Hörner des Widders hören zur Brunftzeit auf zu wachsen und beginnen erst wieder, wenn der Frühling nahrhafte Nahrung bringt. Dies führt zu den Ringen an den Hörnern, so heißt es, die die Zahl der Winter anzeigen, die das Schaf alt ist.

[15] „Records of Big Game", Rowland Ward, dritte Ausgabe.

[16] „Records of Big Game", Rowland Ward, dritte Ausgabe.